—— 安全生产 18 讲丛书 ——

新员工安全教育 **18** 讲

高运增　主编

中国劳动社会保障出版社

图书在版编目（CIP）数据

新员工安全教育18讲/高运增主编. -- 北京：中国劳动社会保障出版社，2021

（安全生产18讲丛书）

ISBN 978-7-5167-3884-9

Ⅰ.①新… Ⅱ.①高… Ⅲ.①安全生产-安全培训-自学参考资料 Ⅳ.①X93

中国版本图书馆CIP数据核字（2021）第069187号

中国劳动社会保障出版社出版发行

（北京市惠新东街1号　邮政编码：100029）

*

三河市华骏印务包装有限公司印刷装订　新华书店经销

880毫米×1230毫米　32开本　9.75印张　239千字

2021年6月第1版　2021年6月第1次印刷

定价：29.00元

读者服务部电话：（010）64929211/84209101/64921644

营销中心电话：（010）64962347

出版社网址：http://www.class.com.cn

内 容 简 介

本书为"安全生产18讲丛书"之一,重点讲述生产经营一线应知应会的生产安全知识,能够对企业生产现场的安全生产工作特别是对新工人防范事故伤害进行指导,同时对安全生产基础知识以及相关法律法规、技术进行宣教。本书内容围绕安全生产基础理论和技术的18个大的知识点展开,主要包括安全生产基础和法律法规知识、安全生产规章制度与教育培训等管理常识、生产安全事故及其防范知识、职业病及其危害知识、常见事故伤害现场急救技术等。

本书可供企业生产一线新员工的安全教育、三级安全教育培训,以及班组培训、宣教阅读使用。

Contents ■

目 录

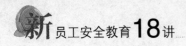

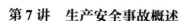

第7讲 生产安全事故概述

第8讲 作业现场典型事故伤害

第9讲 作业现场安全检查

第10讲 生产现场安全活动

第11讲 灭火器及其使用

第12讲 火灾扑救

第13讲 职业病概述

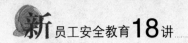

第18讲　事故现场急救基本技术

第 *1* 讲

安全生产概述

🎯 1.1 安全生产基本概念

1.1.1 安全与危险

在安全学科领域，安全的概念有着众多的描述。安全是一种状态，是一种使人处于免遭不可接受风险的状态。安全是一个相对的概念，如果一个组织，经过风险评价，确定了不可接受风险，那么就要采取措施将不可接受风险降至允许的程度，使得人们免遭不可接受风险的伤害，进而实现安全。这是从系统安全思想的"安全是相对的思想"对安全进行的界定。世界上任何系统都包含有不安全的因素，没有任何系统是绝对安全的。

危险是安全的对立状态。安全和危险的关系可以参照图 1-1 来说明。

图 1-1 中左右两端的圆分别表示系统处于绝对危险和绝对安全状态。任何实际系统总是处于两者之间，包含一定的危险性和一定的安全性。可以用介于左右两圆之间的一条垂线表示系统的实际状态，垂线的上半段表示其安全性，下半段表示其危险性。当实际系统处于"可接受的安全水平"线（图中虚线）的右侧时，人们认为这样的系统是安全的。假设系统的安全性为 S，危险性为 R，则有：$S+R=1$，显然，R 越小，S 越大，反之亦然。若在一定程度上消减了危险性，就等于提高了安全性。当危险性小到可以接受的水平时，

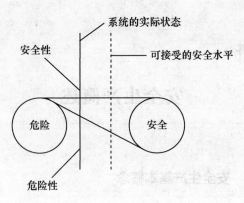

图 1-1　安全与危险

系统被认为是安全的。

1.1.2　事故与危险源

作为安全科学研究对象的事故，人们从不同的角度有不同的理解。美国军用标准系统安全军用标准（MIL-STD-882C）中定义事故是造成伤亡、职业病、设备或财产损坏或损失或环境危害的一个或一系列事件。伯克霍夫定义事故是人（个人或集体）在为实现某种意图而进行的活动中，突然发生的、违反人的意志的、迫使活动暂时或永久停止的事件。我国国家标准《职业安全卫生术语》（GB/T 15236—2008）中的定义，事故是指造成死亡、疾病、伤害、损伤或其他损失的意外情况。可以看出事故是一种突然发生的、出乎人们意料的意外事件，是一种迫使正在进行着的生产、生活活动暂时或永久停止的事件，往往还可能造成人员伤害、财物损坏或环境污染等其他形式的后果。大量的事故调查、统计、分析表明，事故具有因果性、随机性、必然性、突变性、潜伏性和可预防性等基本特性，掌握和研究这些特性对于指导人们认识事故、了解事故和预防事故具有重要意义。

危险源是事故发生的根源，等同于隐患，包括危险因素和有害因素。危险因素是指对人造成伤亡或对物造成突发性损害的因素，着重强调突发性和瞬间作用；有害因素是指能影响人的身体健康，导致疾病，或对物造成慢性损害的因素，着重强调在一定时间范围内的积累作用。通常情况下，危险因素和有害因素二者并不严格加以区分，而是把可对人造成伤亡、影响人的身体健康甚至导致疾病的因素统称为危险有害因素。

国家标准《生产过程危险和有害因素分类与代码》（GB/T 13861—2009）把生产过程危险和有害因素分为四大类：第一大类是"人的因素"，包括心理、生理、行为性危险有害因素；第二大类是"物的因素"，包括物理、化学、生物性危险有害因素；第三大类"环境因素"，包括室内、室外、地下作业场地环境不良以及交通设施湿滑；第四大类"管理因素"，主要包括职业安全卫生组织机构、责任制、管理规章制度、投入和职业健康管理不完善等。

1.1.3 职业安全卫生、安全生产与劳动保护

职业安全卫生（职业安全健康）是一个国际通行的概念，美国、日本、英国等国均采用这种说法并设有相应的管理机构和法规体系。根据《职业安全卫生术语》（GB/T 15236—2008）中的定义，所谓职业安全卫生是指以保障职工在职业活动过程中的安全与健康为目的的工作领域及在法律、技术、设备、组织制度和教育等方面所采取的相应措施。其中的"安全"是指职工在职业活动过程中不发生各种伤亡事故，即要保障人身安全；"卫生"是指职工在职业活动过程中免受有害因素的侵害，即要保障人的身心健康。二者缺一不可。

"安全生产"一词在我国经常被提及和使用。1952年12月23—31日在北京召开的第二次全国劳动保护工作会议上，时任国家劳动部部长李立三提出"劳动保护工作必须贯彻'安全为了生产，生产必须安全'的安全生产方针"，自此，"安全生产"一词被广泛沿用至今。1998年政府机构改革之后，安全生产和职业病防治分别由原国家安全生产监督管理总局和原卫生部分别监管。《职业安全卫生术

语》（GB/T 15236—2008）将"安全生产"定义为："通过人-机-环的和谐运作，使社会生产活动中危及劳动者生命和健康的各种事故风险和伤害因素始终处于有效控制的状态。"也就是说，安全生产是使劳动过程在符合安全要求的物质条件和工作秩序下，进行防止人身伤亡、财产损失，控制或消除危险有害因素，保障劳动者的安全健康、设备设施和环境免受损害的相关活动。

劳动保护在国际劳工组织和某些国家也被称为"劳动安全卫生"。1998年前，我国一直沿用苏联的"劳动保护"说法。《中华人民共和国宪法》第四十二条第二款明确规定，国家通过各种途径，创造劳动就业条件，加强劳动保护，改善劳动条件，并在发展生产的基础上，提高劳动报酬和福利待遇。

劳动保护的具体内容包括：（1）工作时间的限制和休息时间、休假制度的规定；（2）各项劳动安全与卫生的措施；（3）对女职工的劳动保护；（4）对未成年工的劳动保护。因此，国家为保护劳动者在劳动、生产活动中的安全和健康，在改善劳动条件、防止工伤事故、预防职业病、实行劳逸结合、加强女工保护等方面所采取的各种组织措施和技术措施，统称为劳动保护。

安全生产和劳动保护两者从概念上看是有所不同的，但在内容上又有所交叉：前者是从企业的角度出发，强调在发展生产的同时必须保证劳动者的安全、健康和企业的财产不受损失；后者是站在政府的立场上，强调为劳动者提供人身安全与身心健康的保障，属于劳动者权益的范畴。两者也可统称为"职业安全卫生"或"劳动安全卫生"。但从与国际接轨考虑，"职业安全健康"一词可能更具代表性。

1.1.4　工伤及其预防

对工伤的界定有狭义和广义之分，一般来说，狭义的工伤是指由于工作过程中遭受意外事故而造成职工身体上的伤害；广义的工伤不仅包括在工作或与工作相关的活动中因意外事故导致的身体伤害，还包括由于工作原因长期接触职业病危害因素而造成的职业性疾病。目前工伤保险制度中对工伤的认定一般使用广义上的工伤概念，即包括工作伤亡事故和职业病。因此工伤的概念可以界定为职工在工作时间、工作场所因为工作原因而遭受的人身伤害事故，以及因患职业病而使生命健康遭受损害的情形。

工伤预防是指采用经济、管理和技术等手段，事先防范职业伤亡事故以及职业病的发生，改善和创造有利于安全健康的劳动条件，减少工伤事故及职业病的隐患，保护职工在劳动过程中的安全和健康。工伤预防的目的是从源头上减少和避免工伤事故和职业病的发生，实现"零工伤"的最终目标。工伤预防在促进安全生产、保护职工的安全健康方面有着十分重要的意义和作用。

1.2 安全生产工作方针、任务及其意义

1.2.1 安全生产方针

安全生产方针是指政府对安全生产工作总的要求，它是安全生产管理必须遵守的基本原则和工作的方向。我国现阶段实行的是"安全第一、预防为主、综合治理"的安全生产工作"十二字方针"。我国安全生产方针的产生和确定，经历了三个发展阶段。从二十世纪五六十年代的"生产必须安全、安全为了生产"，到二十世纪八十年代之后的"安全第一、预防为主"，再到目前的"安全第一、预防为主、综合治理"，反映了国家对安全生产规律特点认识的不断深化。

"安全第一"要求从事生产经营活动必须把安全放在首位，不能以牺牲人的生命、健康为代价换取发展和效益；要求在生产经营活动中，在处理保证安全与实现生产经营活动的其他各项目标的关系

上，要始终把安全特别是劳动者的人身安全放在首要的位置，实行"安全优先"的原则，在确保安全的前提下，努力实现生产经营活动的其他各项目标；要求一切政府机构以及企业的领导者要把安全当作头等大事，要把安全工作作为完成各项任务、做好各项工作的前提条件，在计划、布置和实施工作时首先要想到安全，预先采取措施、防止事故的发生。"安全第一"意味着必须把安全生产作为衡量企业工作好坏的一项基本内容，作为一项有"否决权"的指标。"安全第一"还体现在企业生产建设中，即把劳动者的生命和健康作为第一位工作来抓，生命安全第一的思想作为一切工作的指导思想和行为准则。

"预防为主"要求把安全生产工作的重心放在预防上，强化隐患排查治理，打非治违，从源头上预防、控制和减少生产安全事故的发生；要求按照系统化、科学化的管理思想，按照事故发生的规律和特点，千方百计预防事故的发生，做到防患于未然，将事故消灭在萌芽状态。虽然人类在生产活动中还不可能完全杜绝事故的发生，但只要思想重视，预防措施得当，事故是可以减少的。

"综合治理"要求运用行政、经济、法治、科技等多种手段，充分发挥社会、职工、舆论监督各个方面的作用，抓好安全生产工作。"综合治理"就是标本兼治，重在治本，在采取断然措施遏制重特大事故实现治标的同时，积极探索和实施治本之策，综合运用科技手段、法治手段、经济手段和必要的行政手段，从发展规划、行业管理、安全投入、科技进步、经济政策、教育培训、安全立法、激励约束、企业管理、监管体制、社会监督、追究事故责任以及查处违法违纪等方面着手，解决影响制约我国安全生产的历史性、深层次问题，做到思想认识上警钟长鸣、制度保证上严密有效、技术支撑上坚强有力、监督检查上严格细致、事故处理上严肃认真。

"安全第一、预防为主、综合治理"的安全生产方针是一个有机统一的整体。"安全第一"是"预防为主、综合治理"的统帅和灵魂，没有"安全第一"的思想，"预防为主"就失去了思想支撑，"综合治理"就失去了整治依据。"预防为主"是实现"安全第一、综合治理"的根本途径。只有把安全生产的重点放在建立事故隐患预防体系上，超前防范，才能有效减少事故损失，实现"安全第一、综合治理"。"综合治理"是落实"安全第一、预防为主"的手段和方法，只有不断健全和完善综合治理工作机制，才能有效贯彻安全生产方针，真正把"安全第一、预防为主"落到实处，不断开创安全生产工作的新局面。因此，坚持"安全第一"，必须以"预防为主"，实施"综合治理"。只有认真治理隐患，有效防范事故，才能把"安全第一"落到实处。贯彻落实好这个方针，对于处理安全与生产以及与其他各项工作的关系，科学管理、搞好安全，促进生产和效益提高，推动各项工作的顺利进行均具有重大意义。

1.2.2　安全生产工作重要意义

安全生产是党和国家在生产建设中一贯的重要方针，是全面落实习近平新时代中国特色社会主义思想，实现中国梦的必然要求。

安全生产的根本目的是保障劳动者在生产过程中的安全和健康。安全生产是安全与生产的统一，安全促进生产，生产必须安全，没有安全就无法正常进行生产。搞好安全生产工作，改善劳动条件，减少职工伤亡与财产损失，不仅可以提高企业效益，促进企业的健康发展，而且还可以促进社会的和谐，保障经济建设的安全进行。如果不重视安全工作，必将发生事故，使劳动者遭受巨大痛苦，使其家庭面临灾难，在企业承受重大损失的同时，给社会造成巨大的负面影响。所以做好安全工作，对于个人、企业、社会都非常重要。

（1）安全生产对个人的重要性

安全生产既是为了自己，也是为了家庭。在生产活动中，人使用生产工具，操控生产设备，发生安全事故时，劳动者首当其冲遭受伤害，轻则受伤，重则失去生命，还会给其精神带来巨大痛苦，进一步酿成家庭的悲剧。

（2）安全生产对企业的重要性

不可否认，企业的目标是追求经济效益最大化。但是，任何企业安全生产状况都会直接影响企业的经济效益。除设备遭受损坏，劳动者遭受伤害等这些显性的损失，还有一些隐性的、不可估量的损失。比如，伤亡事故发生后，劳动者人人自危，无法全身心投入工作，影响企业生产的正常秩序；事故新闻受媒体关注并报道后，事发企业形象将大打折扣，客户数量锐减，严重的甚至能造成企业停产、破产。

（3）安全生产对国家社会的重要性

安全生产事关人民生命财产安全，事关改革发展大局，事关党和政府的形象与声誉，是一个国家和地区生产力水平、社会治理能力和国民素质的综合反映，历来受到党中央、国务院的高度重视。同时，安全生产不仅是经济问题，更是社会问题。一个地区、一个行业甚至一个单位如果重特大事故频发，不仅严重影响经济发展进程，也会严重干扰社会和谐稳定大局，严重损害党和政府治国理政的形象。此外，安全生产是国家治理体系建设和治理能力现代化的重要组成部分。

1.3 我国的安全生产管理体制

1.3.1 安全生产管理体制

安全生产管理体制就是安全管理系统的结构组成、管理权限划分、事物运作机制等方面的综合概念。为贯彻"安全第一、预防为主、综合治理"的方针，必须建立一个衔接有序、运转有效、保障有力的安全生产管理体制。中华人民共和国以来，我国的安全生产管理体制经历了曲折的发展变化，从无到有，在摸索中不断发展完善，至今基本形成了较系统的安全生产管理体制。依据《中华人民共和国安全生产法》（以下简称《安全生产法》）的规定，我国安全生产管理体制是"生产经营单位负责、职工参与、政府监管、行业自律和社会监督"。该安全管理体制进一步明确各方安全生产职责，是对安全生产工作经验的总结，反映了安全生产工作的特点和规律。在我国的安全生产工作中，生产经营单位负责是根本，职工参与是基础，政府监管是关键，行业自律是发展方向，社会监督是保障。

（1）生产经营单位负责

生产经营单位负责是指生产经营单位要依法做好安全生产方方面面的工作，切实保证本单位的安全生产。生产经营单位是生产经营活动的主体，是保障安全生产的根本和关键所在。各类生产经营单位要建立健全安全生产责任制和各项规章制度，依法保障必需的安全生产投入，按照法律法规的规定，加强安全生产管理，做好安全生产各项工作，形成自我约束、不断完善的安全生产工作机制。

（2）职工参与

一方面，职工是生产经营活动的直接操作者，安全生产首先涉及职工的人身安全。保障职工对安全生产工作的参与权、知情权、监督权和建议权，是建立现代企业制度的要求，是保障职工切身利益的需要，也是充分调动职工的积极性，发挥其主人翁作用的保障。另一方面，做好安全生产工作需要职工积极配合，承担遵章守纪、按章操作等义务。没有职工的参与和配合，不可能真正做好安全生产工作。

（3）政府监管

政府监管是指安全生产工作必须在各级人民政府的领导下，建立健全安全监管体系和安全生产法律法规体系，把安全生产纳入经济发展规划和指标考核体系，形成强有力的安全生产工作组织领导和协调管理机制。各级政府要履行安全生产属地管理责任，定期召开会议，听取安全生产管理的情况汇报，分析安全生产形势，组织有关部门对本辖区容易发生事故的单位、场所、设备进行监督检查，及时研究解决安全生产重大问题。

（4）行业自律

行业自律是一个行业自我规范、自我协调的行为机制，也是维护市场秩序、保持公平竞争、促进行业健康发展、维护行业利益的重要措施。在安全生产领域实行行业自律，就要高度重视安全生产对公平竞争的重要影响，积极发展行业协会等社会组织，借助其力量，制定对全体行业成员具有普遍约束力的安全生产方面的行为规范，让行业成员为了其共同利益以及本行业的持续健康发展而自觉遵守、相互监督，既以行规行约制约自身安全生产行为，又遵守和贯彻有关安全生产的法律、法规、标准和政策。

（5）社会监督

社会监督是安全生产管理的重要内容，加强安全生产工作，加快推进安全生产形势根本好转，需要全社会的广泛支持和积极参与，群防群治，将安全生产工作置于全社会的监督之下。

1.3.2　安全生产监督管理

目前我国安全生产监督管理的体制是：综合监管与行业监管相结合、国家监察与地方监管相结合、政府监督与其他监督相结合。

（1）综合监管与行业监管

《安全生产法》明确规定，国务院应急管理部门依照本法，对全国安全生产工作实施综合监管；县级以上地方各级人民政府应急管理部门依照本法，对本行政区域内安全生产工作实施综合监管。

国务院交通运输、住房城乡建设、水利、民航等有关部门依照本法和其他有关法律、行政法规的规定，在各自的职责范围内对有关行业、领域的安全生产工作实施监督管理；县级以上地方各级人民政府有关部门依照本法和其他有关法律、法规的规定，在各自的职责范围内对有关行业、领域的安全生产工作实施监督管理。

应急管理部门和对有关行业、领域的安全生产工作实施监督管理的部门，统称负有安全生产监督管理职责的部门。负有安全生产监督管理职责的部门应当相互配合、齐抓共管、信息共享，依法加强安全生产监督管理工作。

因此，综合监管和行业监管初步形成了一个网格式的监管体系。

（2）国家监察与地方监管

除了综合监管与行业监管之外，针对某些危险性较高的特殊领域，国家为了加强安全生产监督管理工作，专门建立了国家监察机制。如矿山，国家专门建立了垂直管理的矿山安全监察机构，中央设立国家矿山安全监察局，产煤地区另设立省级矿山安全监察局，省级矿山安全监察局下设分局，监察机构的人、财、物全部由中央负责，避免实行监察过程中受地方政府的干扰。同时，考虑到目前全国的矿山数量很大，点多面广，有些矿山分布较远，矿山安全监察机构力量不足的特点，国家赋予某些权力给地方政府，由地方政府明确相应的部门行使对矿山安全生产的监督管理权，即实行地方监管。

矿山安全的监管比较特殊，实行的是国家监察与地方监管相结合的方式。还有其他情况，如交通运输部门的水上监管：一方面由交通运输部海事局设立垂直监管机构，如长江等重要水域都设立港务局，直接由海事局领导；另一方面有些水上监管机构，行政上归地方政府领导，业务上归海事局指导，垂直与分级相结合。特种设备的监察实行省以下垂直管理的体制。

（3）政府监督与其他监督

政府方面的监督主要有：应急管理部门和其他负有安全生产监督管理职责部门的监督；监察部门的监督。

其他方面的监督主要有：安全中介机构的监督；社会公众的监督；工会的监督；新闻媒体的监督；居民委员会、村民委员会等组织的监督。

1.3.3 安全生产监察

（1）矿山安全生产监察体制

矿山安全监察实行垂直管理、分级监察的管理体制。矿山安全监察机构是负责矿山安全监察工作的行政执法机构，归应急管理部领导，依法对矿山安全履行国家监察职责。从国家矿山安全监察局、省级矿山安全监察局，到各矿山安全监察分局，实行垂直管理，人、财、物全部归中央负责，包括监察装备、人员的工资全部由中央政府承担。

1）矿山安全监察体制的机构设置。在应急管理部领导下，国家单设国家矿山安全监察局，副部级，行使对矿山安全监察的行政职能。国家矿山安全监察局在 25 个省、自治区、直辖市设立矿山安全监察局，并在北京市和新疆生产建设兵团设立两个直属矿山安全监察分局。设在地方的矿山安全监察局由应急管理部领导，国家矿山安全监察局负责业务管理。国家矿山安全监察局可单独向设在地方的矿山安全监察局行文，重要文件经应急管理部审议，必要时可以以应急管理部名义行文或联合行文。

2）矿山安全监察的方式。矿山安全监察是对涉及矿山安全的矿山生产建设过程进行的系统、全面监察工作。在安全监察中，必须考虑到行业的特殊性、环境与生产条件的多变性、工作地点的移动性、作业情况的不一致性及安全状况的各异性，选择不同的安全监察工作方式，包括日常监察、重点监察、专项监察和定期监察。

（2）特种设备安全生产监察

我国对特种设备实行安全监察制度。它具有强制性、体系性及责任追究性的特点，主要包括特种设备安全监察管理体制、行政许可、监督检查、事故处理和责任追究等内容。

《特种设备安全监察条例》对锅炉、压力容器（含气瓶）、压力管道、电梯、起重机械、客运索道、大型游乐设施和场（厂）内专用机动车辆等特种设备的设计、制造、安装、使用、检验、修理改造及其监督检查等事项作出了全面的规定。

1）特种设备安全监察体制。国家对特种设备实行专项安全监察体制。国务院、省（自治区、直辖市）、市（地）以及经济发达县的市场监督管理部门设立特种设备安全监察机构。

目前，国家市场监督管理总局内设特种设备安全监察局，各省、自治区、直辖市在特种设备安全监督管理部门内设有特种设备安全监察处，各地市设特种设备安全监察科，工业发达的县或县级市设特种设备安全监察股。各地建立压力容器检验所和特种设备检验所。

2）安全监察制度。按照设计、制造、安装、使用、检验、修理、改造及进出口等环节，对锅炉、压力容器等特种设备的安全实施全过程一体化的安全监察。目前，对特种设备的安全监察，主要建立两项制度：一是特种设备市场准入制度；二是设计、制造、安装、使用、检验、修理、改造7个环节全过程一体化的监察制度。

3）特种设备安全监察的方式。根据特种设备监察工作的特点，主要有以下几种方式。

①行政许可制度。对特种设备实施市场准入制度和设备准用制度。市场准入制度主要是对从事特种设备的设计、制造、安装、使用、检验、修理、改造的单位实施资格许可，并对部分产品出厂实施安全性能监督检验。对在用的特种设备通过实施注册登记、定期检验，施行设备准用制度。

②监督检查制度。监督检查的目的是预防事故的发生，其实现手段：一是通过检验发现特种设备在设计、制造、安装、使用、检验、修理、改造中的影响产品安全性能的质量问题；二是对检查发现的问题，用行政执法的手段纠正违法违规行为；三是通过广泛宣传，提高全社会的安全意识和法规意识；四是发挥群众监督和舆论监督的作用，加大对各类违法违规行为的查处力度；五是加强日常工作的监察。

③事故应对和调查处理。特种设备安全监察机构在做好事故预防工作的同时，要将危机处理机制的建立作为安全监察工作的重要内容。危机处理机制应包括事故应急处理预案、组织和物资保障、技术支撑、人员的救援、后勤保障、建立与舆论界可控的互动关系等。事故发生后，组织调查处理，按照"四不放过"（事故原因未查清不放过、责任人员未处理不放过、整改措施未落实不放过、有关人员未受到教育不放过）原则，严肃处理事故。

1.3.4 职业卫生综合管理

（1）职业卫生工作的基本内容

1）职业卫生监督。卫生监督是依法管理的重要手段，它应始于工业生产的设计阶段，随后延伸至作业场所职业卫生管理、执法情况检查、职业危害事故调查、健康监护制度实施、职业病报告和管理、职业卫生应急救援、职业卫生档案建立、职业卫生培训等诸多方面。

仅就职业卫生监督职能而言，2003年后，职业卫生工作出现了职能分工调整。其中：原卫生部将职业卫生同环境卫生、食品卫生、学校卫生等公共卫生共同管理，负责职业卫生有关法规标准的制定、监督建设项目职业卫生"三同时"（建设项目职业病防护设施必须与主体工程同时设计、同时施工、同时投入生产和使用）、职业卫生技术服务机构的管理等与职业健康监护有关的监督管理工作；原国家安全生产监管总局主要负责作业场所职业危害申报、作业场所职业危害监督检查、使用有毒物品作业场所职业卫生安全许可证的发放等工作；人力资源和社会保障部则主要负责工伤保险、童工和女工保护、工时制度等的管理工作等事宜；全国总工会依法参与职业危害事故调查处理等。根据2018年3月中共中央印发的《深化党和国家机构改革方案》，原国家安全生产监督管理总局的职业安全健康监督管理职责整合到新组建的国家卫生健康委员会，且不再保留国家卫生和计划生育委员会。

2）职业卫生服务。根据世界卫生组织（WHO）"人人享有职业健康"的全球策略，国家卫生机构如卫生监督所、职业病防治研究所、疾病预防控制中心等，必须为企业提供良好的、合格的职业卫生服务。其服务内容主要包括作业环境监测、健康监护、危害控制咨询和健康促进。

①作业环境监测。应用特定仪器和手段，对作业环境中的职业有害因素进行定量或定性的测量，目的在于及时发现和动态掌握作业环境中潜在有害因素的种类、存在形式、强度、时间及空间上的分布和消长规律，为改善劳动条件的干预措施提供依据。

②健康监护。检查职业人群的健康状况并对有健康损害者进行治疗。职业性健康监护是国家通过立法或行政手段，对职业人群实行健康监督和管理的行为。其实施是由省级卫生行政部门认可的职业病防治机构或医疗卫生机构执行的。

③危害控制咨询。危害控制咨询是职业卫生服务的重要内容，是环境监测、健康监护和采取治理措施的重要环节。不同性质的有害因素，环境各异的作业条件，管理者千差万别的认识、管理模式和水平，使所存在的职业卫生问题，除有其共性外，均各具特殊性。故应着重提供有针对性的治理咨询服务和适宜技术，以达到识别、评价、预测和控制职业有害因素的目的。

④健康促进。所有职业有害因素的控制工作，最终都要落实为企业负责人和职工的认真的自觉的行动，才能真正达到效果。职业卫生工作者应加强对企业负责人和职工的宣传教育，使企业负责人转变观念，严格按照有关卫生法规、条例和标准组织生产，履行控制职业危害的承诺和义务，保障职工"人人享有职业卫生和安全"的合法权益。

3）职业流行病学调查。职业卫生工作者应经常深入生产实际，进行职业卫生现场调查，并运用流行病学方法，建立病例对照研究人群，通过统计分析找出接触职业有害因素与潜在发病之间的联系以及一些尚未弄清的问题，如有害因素的联合作用、个体危险因素和发病之间的相互作用等，从而为预防措施提供科学的理论依据。

4）逐步完善法律法规和标准。职业卫生服务和职业流行病学研究所积累的资料，可为有关法律、法规、标准等的制定提供依据，也是职业卫生工作的根本途径所在。

5）开展人员培训和职业健康促进教育。既要加强从事职业卫生与职业病防治工作者自身的培训工作，又要重视对领导层的开发，让企业负责人充分认识职业卫生工作的重要性，并依法办事。还要通过职业卫生促进教育，给广大职工以知情权，让他们知道有关职业性有害因素对健康的影响和防护办法，以增强自我保护意识并积极参与危害控制。

6）推广和普及基本职业卫生服务。促进职工健康良好是职业卫生服务的终极目标。工作可通过几种不同的因素，即职业性的、与工作有关的和非职业性的因素影响健康。基本职业卫生服务的含义是通过广泛覆盖来改善工作和工作环境并提供医学服务，保护职工的健康。

（2）职业卫生管理的手段与方法

1）行政管理。行政管理是指依靠卫生行政组织系统，运用行政手段和方式进行管理的方法，通过文件、规章、计划等形式，按照行政区域和组织系统管理职业卫生工作。

2）法律监督管理。法律监督管理就是通过国家或政府颁布有关法律法规，对职业病防治工作提出规范化并带有强制性的规定和要求。通过罚款、停产整顿、限期整改等办法对那些职业卫生问题突出、有能力治理隐患而又不听劝告的企业进行管理。

3）经常性职业卫生监督管理。在我国，对存在职业病危害因素的企业，根据其危害程度实行分类监督管理，其分级如下：

①Ⅰ级。浓度（强度）接近国家卫生标准的企业（如粉尘、毒

物超标≤2倍，噪声≤95 dB，高温≤33 ℃等），根据工作需要及企业的变动情况，对该类企业的职业卫生状况可实行抽查监督。这种方式能比较真实地反映企业的职业卫生状况，也便于发现企业劳动卫生方面存在的问题和薄弱环节。

②Ⅱ级。浓度（强度）比较高（如粉尘、毒物超标≤5倍，噪声≤105 dB，高温≤38 ℃等）、有职业病发生的潜在危害的企业，对其监督的方式与Ⅰ级企业相同，可采取抽查的方式进行职业卫生监督。

③Ⅲ级。浓度（强度）高、职业病发病多、职业病危害严重的企业（如粉尘、毒物超标>5倍，噪声≥105 dB，高温≥38 ℃等）是经常性职业卫生监督的重点对象。因此，必须实行定期监督，即按照预先制订的计划对企业生产现场职业卫生防护设施、作业环境中的职业病危害因素、职工健康状况、个体防护情况、卫生制度执行情况、从事有害作业工种职工上岗前培训和上岗后教育情况等进行定期检查和抽样检测，通过监督督促其转化、改善劳动条件，并可依法采取惩罚性措施。

4）卫生宣教管理。卫生宣教管理的目的是提高企业领导和职工对职业病防治、保护自身健康的自觉性。《中华人民共和国职业病防治法》（以下简称《职业病防治法》）规定，县级以上人民政府职业卫生监督管理部门应当加强对职业病防治的宣传教育，普及职业病防治的知识，增强用人单位的职业病防治观念，提高劳动者的职业健康意识、自我保护意识和行使职业卫生保护权利的能力。

第 **2** 讲

安全生产法律法规

🎯 2.1 我国安全生产立法现状

安全生产立法有两层含义：一是泛指国家立法机关和行政机关依照法定职权和法定程序制定、修订有关安全生产方面的法律、法规、规章的活动；二是专指国家制定的现行有效的安全生产法律、行政法规、地方性法规、部门规章和地方政府规章等安全生产规范性文件。

加强安全生产法制建设、依法加强安全管理，是安全生产领域贯彻落实"依法治国"基本方略，建立依法、科学、长效的安全管理体制机制，推动实现安全生产长治久安的必然要求和根本举措。特别是在党的十一届三中全会以后，随着我国改革开放事业的不断发展，经济结构和生产方式不断变化，市场主体和利益主体日益多样化、多元化。按照依法治国，建设社会主义法治国家的要求，安全生产秩序除了要采用经济手段和必要的行政手段外，更重要的是要依靠法律的手段来维护。在新形势下，我国大大加快了有关安全生产的立法步伐，中央和地方各有关部门陆续颁布实施了一系列与安全生产有关的法律、法规、部门规章和其他规范性文件。经过多年的持续努力，基本建立了以《安全生产法》为主体，其他相关法律、法规、部门规章、规范性文件和标准、规程等为补充的安全生产法律法规体系，使安全生产各方面工作大致可以做到有法可依、有章可循。

据统计，全国人大、国务院和相关主管部门已经颁布实施并仍然有效的有关安全生产主要法律、法规有 160 多部。其中包括全国人大及其常委会制定的《安全生产法》《中华人民共和国劳动法》（以下简称《劳动法》）、《中华人民共和国煤炭法》（以下简称《煤炭法》）、《中华人民共和国矿山安全法》（以下简称《矿山安全法》）、《职业病防治法》《中华人民共和国海上交通安全法》（以下简称《海上交通安全法》）、《中华人民共和国道路交通安全法》（以下简称《道路交通安全法》）、《中华人民共和国消防法》（以下简称《消防法》）、《中华人民共和国铁路法》（以下简称《铁路法》）、《中华人民共和国民用航空法》（以下简称《民用航空法》）、《中华人民共和国电力法》（以下简称《电力法》）、《中华人民共和国建筑法》（以下简称《建筑法》）、《中华人民共和国特种设备安全法》（以下简称《特种设备安全法》）、《中华人民共和国突发事件应对法》（以下简称《突发事件应对法》）等 10 多部法律；国务院制定的《国务院关于特大安全事故行政责任追究的规定》《安全生产许可证条例》《煤矿安全监察条例》《国务院关于预防煤矿生产安全事故的特别规定》《生产安全事故报告和调查处理条例》《危险化学品安全管理条例》《中华人民共和国道路交通安全法实施条例》《建设工程安全生产管理条例》等 50 多部行政法规；国务院有关部门和机构制定的《安全生产违法行为行政处罚办法》《安全生产监督罚款管理暂行办法》《安全生产领域违法违纪行为政纪处分暂行规定》《煤矿安全监察行政处罚办法》《危险化学品登记管理办法》等 100 多部部门规章。各地人大和政府也陆续出台了不少关于安全生产的地方性法规和地方政府规章。

需要指出的是，中华人民共和国成立以来，我国安全生产标准化工作发展迅速，据不完全统计，国家及各行业颁布了涉及安全的国家标准 1 500 多项，各类行业标准几千项。我国安全生产方面的国家标准或者行业标准，均属于法定安全生产标准，很多属于强制性安全生产标准。《安全生产法》有关条款明确要求生产经营单位必须执行安全生产国家标准或者行业标准，通过法律规定赋予了国家标准和行业标准强制执行的效力。此外，我国许多安全生产立法直接将一些重要的安全生产标准规定在法律法规中，使之上升为安全生产法律法规中的条款。因此，我国安全生产国家标准和行业标准，虽然与安全生产立法有所区别，但在一定意义上，也可以被视为我国安全生产法律法规体系的一个重要组成部分。

近年来，随着经济社会的快速发展，我国已经进入事故易发的工业经济中级发展阶段，已有的安全生产立法与我国安全生产形势的迫切需要产生了一定的差距。与一些发达国家相比，我国在安全生产立法上的某些环节和方面显得落后，亟待加强立法，进一步健全完善安全生产法律法规体系，将安全生产工作全面纳入法治化轨道，促进安全生产形势持续稳定好转。

2.2 我国安全生产法律法规体系的基本架构

2.2.1 安全生产法律法规体系

安全生产法律法规体系是一个包含多种法律形式和法律层次的综合性系统，从法律规范的形式和特点来讲，既包括作为整个安全生产法律法规基础的宪法规范，也包括行政法律规范、技术性法律规范、程序性法律规范。按法律地位及效力同等原则，安全生产法律法规体系分为以下 6 个门类：

（1）宪法

《中华人民共和国宪法》处于安全生产法律法规体系框架的最高层级，"加强劳动保护，改善劳动条件"是安全生产方面具有最高法律效力的规定。

（2）安全生产方面的法律

我国有关安全生产的法律包括《安全生产法》以及与其平行的专门法律和相关法律。

1）基础法。《安全生产法》是综合规范安全生产法律制度的法律，适用于所有生产经营单位，是我国安全生产法律法规体系的核心。

2）专门法律。安全生产专门法律是规范某一专业领域安全生产法律制度的法律。我国的安全生产专门法律有《矿山安全法》《海上交通安全法》《消防法》《道路交通安全法》等。

3）相关法律。安全生产相关法律是指安全生产基础法和专门法律以外的其他法律中涵盖安全生产内容的法律，如《劳动法》《建筑法》《煤炭法》《铁路法》《民用航空法》《中华人民共和国工会法》《中华人民共和国全民所有制工业企业法》《中华人民共和国乡镇企业法》《中华人民共和国矿产资源法》等。还有一些与安全生产监督执法工作有关的法律，如《中华人民共和国刑法》（以下简称《刑法》）、《中华人民共和国刑事诉讼法》《中华人民共和国行政处罚法》（以下简称《行政处罚法》）、《中华人民共和国行政复议法》《中华人民共和国国家赔偿法》和《中华人民共和国标准化法》等。

（3）安全生产行政法规

安全生产行政法规由国务院组织制定并批准公布，是为实施安全生产法律或规范安全生产监督管理制度而制定并颁布的一系列具体规定，是实施安全生产监督管理和监察工作的重要依据。我国已颁布了多部安全生产行政法规，如《国务院关于特大安全事故行政责任追究的规定》《煤矿安全监察条例》等。

（4）地方性安全生产法规

地方性安全生产法规是指由有立法权的地方权力机关——地方人民代表大会及其常务委员会制定的安全生产规范性文件。它们是由法律授权地方权力机关制定的，是对国家安全生产法律、法规的完善和补充，以解决本地区某一特定的安全生产问题为目标，具有较强的针对性和可操作性。例如，我国有多数的省（自治区、直辖市）人大制定了安全生产条例、劳动安全卫生条例以及矿山安全法实施办法等。

（5）部门安全生产规章、地方政府安全生产规章

根据《中华人民共和国立法法》的有关规定，部门规章之间、部门规章与地方政府规章之间具有同等效力，在各自的权限范围内施行。

国务院部门安全生产规章由有关部门为加强安全生产工作而颁布的规范性文件组成，从部门角度可划分为交通运输业、化学工业、石油工业、机械工业、电子工业、冶金工业、电力工业、建筑业、建材工业、航空航天业、船舶工业、轻纺工业、煤炭工业、地质勘探业、农村和乡镇工业等，涉及的专业有技术装备与统计、安全评价与竣工验收、劳动防护用品、培训教育、事故调查与处理、职业危害、特种设备、防火防爆等。部门安全生产规章作为安全生产法律法规的重要补充，在我国安全生产监督管理工作中起着十分重要的作用。

地方政府安全生产规章一方面从属于法律和行政法规，另一方面又从属于地方性法规，并且不能与它们相抵触。

（6）安全生产标准

安全生产标准是安全生产法律法规体系中的一个重要组成部分，也是安全管理的基础和监督执法工作的重要技术依据。安全生产标准大致分为设计规范类，安全生产设备、工具类，生产工艺安全卫生类和防护用品类4类标准。

2.2.2 涉及安全生产的相关法律范畴

我国的安全生产法律法规体系比较复杂，覆盖整个安全生产领域，包含多种法律形式。可以按照涵盖内容不同，将我国安全生产相关法律分成8个类别，包括综合类安全生产法律、法规和规章，

矿山类安全生产法律、法规，危险物品类安全生产法律、法规，建筑业安全生产法律、法规，交通运输安全生产法律、法规，公众聚集场所及消防安全生产法律、法规，其他安全生产法律法规和已批准的国际劳工安全公约。

（1）综合类安全生产法律、法规和规章

综合类安全生产法律、法规和规章是指同时适用于矿山、危险物品、建筑业和其他方面的安全生产法律、法规和规章，它对各行各业的安全生产行为都具有指导和规范作用，主导性的法律是《劳动法》《安全生产法》。综合类安全生产法律、法规和规章由安全生产监督检查类、伤亡事故报告和调查处理类、重大危险源监管类、安全中介管理类、安全检测检验类、安全培训考核类、劳动防护用品管理类、特种设备安全监督管理类和安全生产举报奖励类这9大类通用的安全生产法律、法规和规章组成。

（2）矿山类安全生产法律、法规

矿山类安全生产法律、法规规范的行业主要包括煤矿、金属、非金属矿山和石油天然气开采业。我国的矿山安全立法工作已取得了很大成绩，先后颁布实施了《矿山安全法》《煤炭法》《中华人民共和国矿山安全法实施条例》和《煤矿安全监察条例》；相关部门先后颁布了一批矿山安全监督管理规章；有26个省（自治区、直辖市）人大制定了矿山安全法实施办法，初步形成了矿山安全法律法规子体系。

（3）危险物品类安全生产法律、法规

在危险物品安全管理方面，我国已经颁布实施了《危险化学品安全管理条例》《民用爆炸物品安全管理条例》《使用有毒物品作业场所劳动保护条例》《放射性同位素与射线装置安全和防护条例》《放射性药品管理办法》等法规。

（4）建筑业安全生产法律、法规

规范建筑业安全生产行为的法律有《安全生产法》《建筑法》，

且我国已批准国际劳工组织通过的《建筑业安全卫生公约》，但目前还没有一部统一的建筑业安全生产法规。

（5）交通运输安全生产法律、法规

交通运输安全生产法律、法规包括铁路、道路、水路、民用航空运输行业的法律、法规和规章，《安全生产法》原则上也适用于这些行业。目前，这些行业都有自己专门的法律、法规：铁路运输业有《铁路法》《铁路安全管理条例》等；民航运输业有《民用航空法》《中华人民共和国民用航空器适航管理条例》《中华人民共和国民用航空安全保卫条例》等，此外，民用航空运输安全还执行国际公约及其相关的规则；道路交通管理方面有《道路交通安全法》《中华人民共和国道路交通安全法实施条例》；海上交通运输业有《海上交通安全法》及《中华人民共和国海上交通事故调查处理条例》和《中华人民共和国渔港水域交通安全管理条例》；内河交通运输业有《中华人民共和国内河交通安全管理条例》。另外，各交通运输业主管部门和公安部门还制定了不少交通运输安全生产方面的规章、标准等。

（6）公众聚集场所及消防安全生产法律、法规

公众聚集场所及消防安全生产法律、法规所涉及的范围主要是公众聚集场所、娱乐场所、公共建筑设施、旅游设施、机关团体等场所的安全及消防工作。目前这方面的法律、法规和规章主要有《消防法》及与之相配套的《公共娱乐场所消防安全管理规定》《消防监督检查规定》《机关、团体、企业、事业单位消防安全管理规定》《高等学校消防安全管理规定》《仓库防火安全管理规则》《火灾事故调查规定》等，相关的法律、法规还需要进一步的制定和完善。

（7）其他安全生产法律、法规

其他安全生产法律、法规主要包括前面 5 个专业领域以外行业的安全生产管理规章，主要有石化、电力、机械、建材、造船、冶

金、轻纺、军工、商贸等行业规章。这些行业都有一些规章和规程，但均未制定专门的安全行政法规，因此《安全生产法》是规范这些行业安全生产行为的主导性法律。

（8）已批准的国际劳工安全公约

当前，贸易与劳工标准挂钩是国际发展趋势。我国早已加入世界贸易组织（WTO），参与世界贸易必须遵守国际通行的规则，我国的安全生产立法和监督管理工作也需要与国际接轨。

国际劳工组织自 1919 年创立以来，共通过了 185 个国际公约和若干建议书，这些公约和建议书统称国际劳工标准，其中 70% 涉及职业安全卫生问题。为做好国际性安全生产工作，我国政府已签订了国际公约，当我国安全生产法律与国际公约有不同时，优先采用国际公约的规定（除保留条件的条款）。目前我国政府已批准的公约有 20 多个，其中有一些是与职业安全卫生相关的。

党的十八大以来，习近平总书记作出一系列重要指示，深刻阐述了安全生产思想理念、方针政策、工作要求和重要意义，强调发展决不能以牺牲安全为代价这条不可逾越的红线，明确要求"党政同责、一岗双责、齐抓共管、失职追责"。李克强总理多次作出重要批示，强调要以对人民群众生命高度负责的态度，坚持预防为主、标本兼治，以更有效的举措和更完善的制度，切实落实和强化安全生产责任，筑牢安全防线。习近平总书记和李克强总理的重要指示批示，为我国安全生产工作提供了新的理论指导和行动指南。各地区、各有关部门和单位坚决贯彻落实党中央、国务院的决策部署，进一步健全安全生产法律、法规和政策措施，严格落实安全生产责任，全面加强安全生产监督管理，不断强化安全生产隐患排查治理和重点行业领域专项整治，深入开展安全大检查，严肃查处各类安全生产事故，大力推进依法治安和科技强安，加快安全生产基础保障能力建设，推动了安全生产形势持续稳定好转。

🎯 2.3 生产经营单位的安全生产责任

2.3.1 生产经营单位的安全生产基本法律义务

《安全生产法》对于生产经营单位在安全生产方面的基本义务作出的规定有：

（1）遵守法律、法规的义务

生产经营单位必须遵守本法和其他有关安全生产的法律、法规。安全生产管理，必须坚持法治的原则。《安全生产法》是有关安全生产的基础法律，确立了有关安全生产的各项基本法律制度，是生产经营单位在安全生产方面必须遵守的行为规范。除了《安全生产法》，国家权力机关还制定了其他有关安全生产的法律，例如《矿山安全法》《建筑法》《煤炭法》等；国务院制定了若干有关安全生产的行政法规；各地方也根据法律、行政法规，结合本地实际情况，制定了一批有关安全生产的地方性法规。对这些有关安全生产的法律、法规，各生产经营单位都必须严格遵照执行。

（2）加强安全生产管理

安全生产管理是生产经营单位管理的重要内容，"管生产必须管安全"。生产经营单位必须按照法律、法规和国家有关规定，结合本单位具体情况，做好安全管理工作。要依法设置安全生产的管理机构、管理人员，建立、健全本单位安全生产的各项规章制度并组织实施，做好对从业人员的安全生产教育和培训，搞好生产作业场所、设备、设施的安全管理等。

（3）建立、健全安全生产责任制和安全生产规章制度

安全生产责任制，是根据我国的安全生产方针"安全第一、预防为主、综合治理"和安全生产法规建立的各级领导、职能部门、工程技术人员、岗位操作人员在劳动生产过程中对安全生产层层负

责的制度而建立的。安全生产规章制度以安全生产责任制为核心来指引和约束人们在安全生产方面的行为，是安全生产的行为准则。其作用是明确各岗位安全职责，规范安全生产行为，建立和维护安全生产秩序。生产经营单位是安全生产的责任主体，建立、健全安全生产责任制和安全生产规章制度是生产经营单位的法定责任。

（4）改善安全生产条件

安全生产条件是指生产经营单位在安全生产中的生产作业场所、设备、设施等"硬件"方面的条件，这些条件要与安全生产责任制度相配套。生产经营单位必须具备保障安全生产的各项物质技术条件，其作业场所和各项生产经营设备、设施和从业人员的安全防护用品等，都必须符合安全生产的要求。

（5）推进安全生产标准化建设，提高本质安全生产水平

安全生产标准化体现了"安全第一、预防为主、综合治理"的方针，强调企业安全生产工作的规范化、科学化、系统化和法制化。安全生产标准化风险管理和过程控制，注重绩效管理和持续改进，符合安全管理的基本规律，代表了现代安全管理的发展方向，是先进安全管理思想与我国传统安全管理方法、生产经营单位具体实际的有机结合，有效提高生产经营单位安全生产水平，从而推动我国安全生产状况的根本好转。

2.3.2　生产经营单位主要负责人的安全生产法律责任

《安全生产法》规定，生产经营单位的主要负责人对本单位的安全生产工作全面负责。

（1）不同组织形式的企业，生产经营单位的主要负责人的界定有所不同

1）对于公司制的企业，按照公司法的规定，有限责任公司（包括国有独资公司）和股份有限公司的董事长是公司的法定代表人，经理负责主持公司的生产经营管理工作。因此，有限责任公司和股

份有限公司的主要负责人应当是公司董事长和经理（总经理、首席执行官或其他实际履行经理职责的企业负责人）。

2）对于非公司制的企业，主要负责人为企业的厂长、经理、矿长等企业行政"一把手"。如《中华人民共和国全民所有制工业企业法》规定，企业实行厂长（经理）负责制，厂长是企业的法定代表人，对企业的物质文明建设和精神文明建设负有全面责任。

（2）主要负责人的安全生产职责

生产经营单位的主要负责人对本单位的安全生产工作全面负责。安全生产工作是企业管理工作中的重要内容，涉及生产经营单位活动的各个方面，必须要由企业"一把手"统一领导，统筹协调，负全面责任。生产经营单位可以安排副职负责人协助主要负责人分管安全生产工作，但不能因此减轻或免除主要负责人对本单位安全生产工作所负的全面责任。生产经营单位的安全生产工作不仅关系本单位的从业人员人身安全和财产安全，还可能影响社会公共安全。生产经营单位的主要负责人对安全生产工作全面负责，不仅是对本单位的责任，也是对社会应负的责任。

按照《安全生产法》规定，生产经营单位的主要负责人对本单位安全生产工作所负的职责包括：

1）建立健全并落实本单位安全生产责任制，加强安全生产标准化建设；

2）组织制定本单位安全生产规章制度和操作规程；

3）组织制定并实施本单位安全生产教育和培训计划；

4）保证本单位安全生产投入的有效实施；

5）组织建立并落实安全风险分级管控和隐患排查治理双重预防工作机制，督促、检查本单位的安全生产工作，及时消除生产安全事故隐患；

6）组织制定并实施本单位的生产安全事故应急救援预案；

7）及时、如实报告生产安全事故。

生产经营单位的主要负责人应当依法履行自己在安全生产方面的职责，做好本单位的安全生产工作。

2.3.3 生产经营单位安全生产机构设置

生产经营单位的安全生产管理工作必须有机构和人员上的保障，否则安全生产管理工作就无从谈起。安全生产管理机构是指生产经营单位内部设立的专门负责安全生产管理事务的机构。安全生产管理人员是指在生产经营单位从事安全生产管理工作的专职或兼职人员。在生产经营单位专门从事安全生产管理工作，不兼作其他工作的人员则是专职安全生产管理人员。在生产经营单位既承担其他工作职责，同时又承担安全生产管理职责的人员则为兼职安全生产管理人员。专门的安全生产管理机构和安全管理人员担负着安全生产管理工作，对预防事故的发生起着至关重要的作用。尤其在危险行业和规模较大的单位，专门的安全生产管理机构和专职的安全生产管理人员对执行安全生产规章制度、排查隐患、教育管理从业人员更是发挥着重要的作用。

《安全生产法》对生产经营单位安全生产管理机构的设置和安全生产管理人员的配备原则作出了明确规定：

矿山、金属冶炼、建筑施工、运输单位和危险物品的生产、经营、储存、装卸单位，以及从业人员超过一百人的其他生产经营单位，应当设置安全生产管理机构或者配备专职安全生产管理人员。

矿山、金属冶炼、建筑施工、运输单位和危险物品的生产、经营、储存、装卸，是危险性比较大的生产经营活动，从事这些活动的单位是危险性较大的单位；从业人员超过100人的生产经营单位是规模比较大的生产经营单位。对于这两类生产经营单位，安全生产管理工作尤其重要。因此必须在单位内成立专门从事安全生产管理工作的机构，或者配备专职的人员从事安全生产管理工作。

矿山、金属冶炼、建筑施工、运输单位和危险物品的生产、经营、储存、装卸单位以外的其他生产经营单位，从业人员在 100 人以下的，应当配备专职或者兼职的安全生产管理人员。这些生产经营单位从事的活动本身危险性不是很大，而且规模不大，因此不需要强制设置专门的安全生产管理机构，但应当有人员从事安全生产管理工作，这些人员可以是专职的，也可以是兼职的。

🎯 2.4　从业人员的安全生产权利义务

2.4.1　从业人员的安全生产权利

（1）获得安全保障、工伤保险和民事赔偿的权利

获得保障劳动安全、防止职业危害的权利，在《安全生产法》《劳动合同法》和《职业病防治法》都有相关的规定。如《安全生产法》规定，生产经营单位与从业人员订立的劳动合同，应当载明有关保障从业人员劳动安全、防止职业危害的事项，以及依法为从业人员办理工伤保险的事项。生产经营单位不得以任何形式与从业人员订立协议，免除或者减轻其对从业人员因生产安全事故伤亡依法应承担的责任。

获得工伤保险和民事赔偿的权利，在《安全生产法》和《职业病防治法》等都有相关的规定。如《安全生产法》规定，因生产安全事故受到损害的从业人员，除依法享有工伤保险外，依照有关民事法律尚有获得赔偿的权利的，有权向本单位提出赔偿要求。

（2）知情权和建议权

《安全生产法》规定，生产经营单位的从业人员有权了解其作业场所和工作岗位存在的危险因素、防范措施及事故应急措施，有权对本单位的安全生产工作提出建议。

生产经营单位的从业人员对于劳动安全的知情权，与从业人员的生命安全和健康关系密切，是保护从业人员生命健康权的重要前

提。从业人员有权了解其作业场所和工作岗位存在的危险因素、防范措施以及事故应急措施。

从业人员作为生产经营单位的主体，他们的切身利益与本单位的经济利益息息相关，特别是安全生产工作涉及从业人员的生命安全和健康。从业人员尤其是工作在第一线的从业人员，对于如何保证安全生产、改善劳动条件及作业环境，具有优先发言权。因此，规定从业人员有权对本单位的安全生产工作提出建议。

（3）批评、检举、控告权

《安全生产法》规定，从业人员有权对本单位安全生产工作中存在的问题提出批评、检举、控告；有权拒绝违章指挥和强令冒险作业。生产经营单位不得因从业人员对本单位安全生产工作提出批评、检举、控告或者拒绝违章指挥、强令冒险作业而降低其工资、福利等待遇或者解除与其订立的劳动合同。

批评权是指从业人员对本单位安全生产工作中存在的问题提出批评的权利。法律规定这一权利，有利于从业人员对生产经营单位进行群众监督，促使生产经营单位不断改进本单位的安全生产工作。检举权和控告权是指从业人员对本单位及有关人员违反安全生产法律、法规的行为，有权向主管部门和司法机关进行检举和控告的权利，检举可以署名，也可以不署名；可以用书面形式，也可以用口头形式。但是，从业人员在行使这一权利时，应注意检举和控告的情况必须真实，不能道听途说、凭空捏造。法律规定从业人员的检举权、控告权，有利于及时对违法行为做出处理，保障安全生产，防止安全生产事故。

（4）拒绝违章指挥和强令冒险作业的权利

从业人员的这项权利也简称拒绝权，是保护从业人员生命安全和健康的一项重要的权利。违章指挥主要是指生产经营单位的负责人、生产管理人员和工程技术人员违反规章制度，不顾从业人员的生命安全和健康，指挥从业人员进行生产活动的行为。强令冒险作业是指生产经营单位管理人员，对于存在危及作业人员人身安全的危险因素而又没有相应的安全保护措施的作业，不顾从业人员的生命安全和健康，强迫命令从业人员进行作业。这些都对从业人员生命安全和健康构成极大威胁。为了保护自己的生命安全和健康，对于生产经营单位的这种行为，从业人员有权予以拒绝。为此，《劳动法》规定，劳动者对用人单位管理人员违章指挥、强令冒险作业，有权拒绝执行。《安全生产法》规定，从业人员有权拒绝违章指挥和强令冒险作业。

（5）紧急撤离权

《安全生产法》规定，从业人员发现直接危及人身安全的紧急情况时，有权停止作业或者在采取可能的应急措施后撤离作业场所。这是在特定情况下，法律赋予从业人员采取特定措施的权利，简称紧急撤离权，目的是保护从业人员的人身安全。法律所限定的特定情况是"发现直接危及人身安全的紧急情况"，这是从业人员行使紧急撤离权的前提条件。也就是说，该项权利需要在法律所限定的特定情况下行使，即发现直接危及人身安全的紧急情况，如果不撤离会对其生命安全和健康造成直接的威胁。从业人员在行使这项权利的时候，必须明确五点：一是危及从业人员人身安全的紧急情况必须有确实可靠的直接根据，凭借个人猜测或者误判而实际并不属于危及人身安全的紧急情况除外，该项权利不能被滥用。二是紧急情况必须直接危及人身安全，间接危及人身安全的情况不应撤离，而应采取有效的处理措施。三是出现危及人身安全、间接危及人身安全的情况不应撤离，而应采取有效的处理措施。四是出现危及人身安全的紧急情况时，首先是停止作业，然后要采取可能的应急措施；采取应急措施无效时，再撤离作业场所。五是该项权利不适用于某些从事特殊职业的从业人员，比如飞行人员、船舶驾驶人员、车辆驾驶人员等。根据有关法律、国际公约和职业惯例，在发生危及人身安全的紧急情况下，他们不能或者不能先行撤离从业场所或者岗位。

2.4.2 从业人员的安全生产义务

（1）遵章守规、服从管理的义务

生产经营单位的安全生产规章制度是企业规章制度的重要组成部分。安全生产规章制度是保障从业人员的安全和健康，保证生产活动顺利进行的手段，没有健全和严格执行的安全生产规章制度，企业的安全生产工作就没有保障。安全寓于生产全过程之中，安全生产工作需要生产经营单位的每一个人，每一道工序相互配合和衔接。生产经营单位的每一个人都从不同角度为企业的安全生产工作担负责任，每个人尽责的好坏直接影响到生产经营单位安全生产工作的成效。因此，生产经营单位的从业人员在作业过程中应当遵守本单位的安全生产规章制度和操作规程，服从管理，才能保证生产经营活动安全、有序。为此，《安全生产法》规定，从业人员在作业过程中，应当严格遵守本单位的安全生产规章制度和操作规程，服从管理。

（2）正确佩戴和使用劳动防护用品的义务

正确佩戴和使用劳动防护用品是从业人员必须履行的法定义务。按照法律、法规的规定，为保障人身安全，生产经营单位必须为从业人员提供符合标准的、安全的劳动防护用品，以避免或者减轻作业和事故中的人身伤害。但实践中由于一些从业人员缺乏安全知识，认为佩戴和使用劳动防护用品没有必要，往往不按规定佩戴或者不能正确佩戴和使用劳动防护用品，由此引发人身伤害时有发生，造成不必要的伤亡。因此，《安全生产法》规定，从业人员在作业过程中，应当正确佩戴和使用劳动防护用品。

（3）接受安全培训，掌握安全生产技能的义务

不同行业、不同生产经营单位、不同工作岗位和不同的生产经营设施设备具有不同的安全技术特性和要求。随着生产经营领域的不断扩大和高新安全技术装备的大量使用，生产经营单位对从业人

员的安全素质要求越来越高。从业人员的安全生产意识和安全技能的高低，直接关系生产经营活动的安全可靠性。特别是从事矿山、建筑、危险物品生产作业和使用高科技安全技术装备的从业人员，更需要具有系统的安全知识，熟练的安全生产技能，以及对不安全因素、事故隐患和突发事故的预防、处理的能力和经验。要适应生产经营活动对安全生产技术知识和能力的需要，必须对新入职、转岗的从业人员进行专门的安全生产教育和业务培训。为了明确从业人员接受培训、提高安全素质的法定义务，《安全生产法》规定，从业人员应当接受安全生产教育和培训，掌握本职工作所需的安全生产知识，提高安全生产技能，增强事故预防和应急处理能力。

（4）发现事故隐患或者其他不安全因素及时报告的义务

从业人员直接进行生产经营作业，他们是事故隐患和不安全因素的第一当事人。许多生产安全事故是由于从业人员在作业现场发现事故隐患或者其他不安全因素后没有及时报告，以至延误了采取措施进行紧急处理的时机。如果从业人员尽职尽责，及时发现并报告事故隐患或者其他不安全因素，并及时有效地处理，完全可以避免事故的发生、降低事故的损失。发现事故隐患或者其他不安全因素并及时报告是贯彻预防为主的方针，加强事前防范的重要措施。为此，《安全生产法》规定，从业人员发现事故隐患或者其他不安全因素，应当立即向现场安全生产管理人员或者本单位负责人报告，接到报告的人员应当及时予以处理。

第 **3** 讲

安全生产常用术语

🎯 3.1 职业安全基本术语

3.1.1 职业安全和事故

（1）职业安全卫生

职业安全卫生是指以保障从业人员在职业活动过程中的安全与健康为目的，在工作领域及在法律、技术、设备、组织制度和教育等方面所采取的相应措施，目前常被称为职业安全健康。

（2）职业安全

职业安全是指以防止从业人员在职业活动过程中发生各种伤亡事故为目的，在工作领域及在法律、技术、设备、组织制度和教育等方面所采取的相应措施。

（3）安全生产

安全生产是指通过"人-机-环"的和谐运作，使社会生产活动中危及从业人员生命和健康的各种事故风险和伤害因素始终处于有效控制的状态。

（4）本质安全

本质安全是指通过设计等手段使生产设备或生产系统本身具有安全性，即使在误操作或发生故障的情况下也不会造成事故。

（5）事故

事故是指造成死亡、疾病、伤害、损伤或其他损失的意外情况。

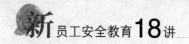

（6）伤亡事故经济损失

伤亡事故经济损失是指从业人员在劳动生产过程中发生伤亡事故所引起的一切经济损失，包括直接经济损失和间接经济损失。

（7）直接经济损失

直接经济损失是指因事故造成的人身伤亡及善后处理所支出的费用和被毁坏财产的价值。

（8）间接经济损失

间接经济损失是指因事故导致产值减少、资源破坏或受事故影响的其他事件而造成损失的价值。

3.1.2　风险与评估

（1）职业性危害因素

职业性危害因素是指在职业活动中产生的可直接危害从业人员身体健康的因素，按其性质分为物理性危害因素、化学性危害因素和生物性危害因素。

（2）职业接触限值

职业接触限值是指从业人员在职业活动过程中长期反复接触的职业性危害因素，不会对绝大多数接触者的健康引起有害作用的容许接触水平。

（3）最高容许浓度

最高容许浓度是指有毒化学物质在任何工作地点、工作日以及时间点均不应超过的浓度。

（4）短时间接触容许浓度

短时间接触容许浓度是指在遵守 PC-TWA（时间加权平均容许浓度）的前提下，容许短时间（15 min）接触的浓度。

（5）安全评价

安全评价是指以实现安全为目的，应用安全系统工程原理和方法，辨识与分析工程、系统、生产经营活动中的危险、有害因素，预测发生事故或造成职业危害的可能性及其严重程度，提出科学、合理、可行的安全对策建议，并得出评价结论的活动。安全评价可针对一个特定的对象，也可针对一定的区域范围。安全评价按照实施阶段的不同分为 3 类，即安全预评价、安全验收评价和安全现状评价。

（6）安全预评价

安全预评价是指在建设项目可行性研究阶段、工业园区规划阶段或生产经营活动组织实施之前，根据相关的基础资料，辨识与分析建设项目、工业园区、生产经营活动中潜在的危险、有害因素，确定其与安全生产法律、法规、规章、标准、规范的符合性，预测发生事故或造成职业危害的可能性及其严重程度，提出科学、合理、可行的安全对策建议，并最终得出安全评价结论的活动。

（7）安全验收评价

安全验收评价是指在建设项目竣工后，正式生产运行前或工业园区建设完成后，通过检查建设项目安全设施与主体工程同时设计、同时施工、同时投入生产和使用的情况或工业园区内的安全设备设施、装置投入生产和使用的情况，检查安全管理措施落实情况，检查安全生产规章制度制定情况，检查事故应急救援预案建立情况，审查确定建设项目、工业园区建设与安全生产法律、法规、规章、标准、规范的符合性，从整体上确定建设项目、工业园区的运行状况和安全管理情况，综合得出安全验收评价结论的活动。

（8）安全现状评价

安全现状评价是指针对生产经营活动或工业园区内的事故风险、安全管理等情况，通过辨识与分析其存在的危险、有害因素，审查确定其与安全生产法律、法规、规章、标准、规范的符合性，预测发生事故或造成职业危害的可能性及其严重程度，提出科学、合理、可行的安全对策建议，并最终得出安全现状评价结论的活动。安全现状评价既适用于对一个生产经营单位或一个工业园区的评价，也适用于对某一特定的生产方式、生产工艺、生产装置或作业场所的评价。

（9）职业病危害预评价

职业病危害预评价是指在可能产生职业病危害的建设项目可行性论证阶段，对其可能产生的职业病危害因素、危害程度、对从业人员健康影响以及应采取的防护措施等方面进行预测性卫生学分析与评价，为确定建设项目在职业病防治方面的可行性以及职业病危害分类管理提供科学依据。

（10）职业病危害控制效果评价

职业病危害控制效果评价是指建设项目在竣工验收前，对工作场所职业病危害因素、危害程度、防护措施及效果、对从业人员健康影响等方面进行的综合评价。

（11）风险评估

风险评估是指评估风险大小以及确定风险是否可容许的全过程。

3.2　应急救援与安全管理工作常用术语

3.2.1　应急与防护措施

（1）应急预案

应急预案是指为迅速、有序地应对可能发生的事故，而预先制定的行动方案。

（2）应急准备

应急准备是指为迅速、有序地应对可能发生的事故，而预先进行的组织准备和应急保障。

（3）应急响应

应急响应是指事故发生后有关组织或人员采取的应急行动。

（4）应急救援

应急救援是指在应急响应过程中，为消除、减少事故危害，防止事故扩大或恶化，最大限度地降低事故造成的损失或危害而采取的救援措施或行动。

（5）防护措施

防护措施是指为避免从业人员在作业时身体的某部位误入危险区域或接触有毒有害物质而采取的隔离、屏蔽、安全距离、个人防护、通风等措施或手段。

（6）职业病防护设施

职业病防护设施是指为消除或者降低工作场所的职业病危害因素浓度或强度，减少职业病危害因素对从业人员健康的损害或影响，达到保护从业人员健康目的的装置。

（7）个人防护用品

个人防护用品又称劳动防护用品，是指为使从业人员在职业活动过程中免遭或减轻事故和职业病危害因素的伤害而提供的个人穿戴用品。

（8）应急救援设施

应急救援设施是指在工作场所设置的报警装置、现场急救用品、洗眼器、喷淋装置等冲洗设备和强制通风设备，以及应急救援使用的通信、运输设备等。

3.2.2 安全管理工作

（1）一岗双责

一岗：各级人民政府及其有关部门的主要负责人分别为本行政区域、本行业安全生产工作的第一责任人。

双责：分管安全生产的负责人是安全生产工作综合监督管理的责任人，对安全生产工作负组织领导和综合监督管理领导责任；其他负责人对各自分管工作范围内的安全生产工作负直接领导责任。

（2）一个方针

安全第一、预防为主、综合治理。

（3）一法两条例

一法：《安全生产法》。

两条例：《安全生产许可证条例》《建设工程安全生产管理条例》。

（4）一通三防

一通：通风。

三防：防瓦斯、防火、防尘。

（5）一案一卡

应急预案中的现场处置方案和重点岗位应急处置卡，用于指导基层和岗位从业人员应对现场高风险突发事件。应以"情景、任务、能力"为技术路线，以风险评估结果为出发点，强调突发事件情景构建，分析在应对这些突发事件时各任务层次的能力，打造点（应急处置措施）、线（应急专项预案）、面（综合应急预案）相结合的应急处置平台。

（6）两书一表

两书：作业指导书、作业计划书。

一表：安全检查表。

（7）两个主体、两个负责制

两个主体：政府是安全生产的监管主体，企业是安全生产的责任主体。

两个负责制：政府行政首长和企业法定代表人两个负责制，是我国安全生产工作的基本责任制度。

（8）三同时

建设项目的安全设施，必须与主体工程同时设计、同时施工、同时投入生产和使用。

（9）三级安全教育

厂级安全教育、车间级安全教育、班组级安全教育。

（10）三个百分百

安全生产必须做到人员百分百、时间百分百、力量百分百。

（11）三大安全规程

安全操作规程、运行安全规程、设备检修规程。

（12）三违

违章指挥、违章操作、违反劳动纪律。

（13）三源

重大危险源、伤害源、隐患源。

（14）三点

危险点、危害点、事故多发点。

（15）三非

非法建设、非法生产、非法经营。

（16）三超

工矿企业超能力、超强度、超定员生产，交通运输单位超载、超限、超负荷运行。

（17）三定

定整改措施，定完成时间，定整改负责人。

（18）三不生产

不安全不生产，隐患不消除不生产，安全措施不落实不生产。

（19）三查三找三整顿

三查：查麻痹思想、查事故苗头、查事故隐患。

三找：找差距、找原因、找措施。

三整顿：整顿思想、整顿作风、整顿现场。

（20）三宝

安全帽、安全网、安全带。

（21）三类整改

按A、B、C进行排队梳理、汇总分析和登记造册，必须立即解决的列入A类，限期解决的列入B类，创造条件逐步解决的列入C类。

（22）三同步

安全生产与经济建设、企业深化改革、技术改造同步策划、同步发展、同步实施。

（23）四个一律

对非法生产经营建设和经停产整顿仍未达到要求的，一律关闭取缔；对非法生产经营建设的有关单位和责任人，一律按规定上限予以处罚；对存在非法生产经营建设的单位，一律责令停产整顿，并严格落实监管措施；对触犯法律的有关单位和人员，一律依法严格追究法律责任。

（24）四不放过

事故原因未查清不放过，责任人员未处理不放过，整改措施未落实不放过，有关人员未受到教育不放过。

（25）四个凡事

凡事有人负责，凡事有章可循，凡事有据可查，凡事有人监督。

（26）四不两直

四不：不用陪同、不打招呼、不发通知、不听汇报。

两直：直奔基层、直查现场。

（27）四个缺失

社会道德缺失、政府责任缺失、企业标准缺失、全民意识缺失。

🎯 3.3 职业病防治相关术语

3.3.1 职业病

（1）职业医学

职业医学以从业人员为主要对象，旨在对受到职业病危害因素损害或存在潜在健康危险的从业人员进行早期健康检查、诊断、治疗和康复处理。

（2）职业病

职业病是从业人员在职业活动中，因接触职业病危害因素而直接引起的疾病。

（3）法定职业病

法定职业病是国家根据社会制度、经济条件和诊断技术水平，以法规形式规定的职业病。

（4）职业性中毒

职业性中毒是从业人员在职业活动中组织器官因受到工作场所有毒物质的作用而引起的功能性和器质性疾病。

（5）职业性急性中毒

职业性急性中毒是因短时间内吸收大剂量毒物而引起的职业性中毒。

（6）职业性慢性中毒

职业性慢性中毒是因长期吸收较小剂量毒物而引起的职业性中毒。

（7）职业健康监护

职业健康监护以预防为目的，根据从业人员的职业接触史，通过定期或不定期的医学健康检查和相关健康资料的收集，连续监测从业人员的健康状况，分析从业人员健康变化与所接触的职业病危害因素的关系，并及时地将健康检查和资料分析结果报告交给用人单位和从业人员本人，以便及时采取干预措施，保护从业人员健康。职业健康监护主要包括职业健康检查和职业健康监护档案管理等内容。

（8）职业健康检查

职业健康检查是指一次性地应用医学方法对从业人员进行的健康检查，检查的主要目的是发现有无职业病危害因素引起的健康损害或职业禁忌证。《职业健康监护技术规范》（GBZ 188—2014）规定，职业健康检查包括上岗前、在岗期间、离岗时和离岗后医学随访以及应急健康检查。

（9）职业禁忌证

职业禁忌证是指不宜从事某种作业的疾病或生理等状态。因在该状态下接触某些职业病危害因素时，可能导致以下情况：原有疾病病情加重，诱发潜在的疾病，对某种职业病危害因素易感，影响子代健康。

（10）职业病报告

职业病报告是指政府主管部门为加强职业病信息报告管理工作，准确掌握职业病发病情况，从而为预防职业病提供依据，并制定相应的职业病报告制度。

（11）职业病诊断

职业病诊断是根据从业人员职业病危害因素接触史、患者的临床表现和医学检查结果，参考作业场所职业病危害因素检测和流行病学资料，依据职业病诊断标准进行综合分析，作出健康损害和职业接触之间关系的临床推理的判断过程。

（12）职业病诊断鉴定

职业病诊断鉴定是指当对职业病诊断结果有争议时，卫生行政部门组织的对原诊断结论进一步审核的诊断。

3.3.2　工作条件与人机工程

（1）工作场所设计

工作场所设计是指按生产任务和人机工程学的要求，对工作地点和作业区域进行规划和布置。

（2）微小气候

微小气候是指在特定空间范围内的气候，包括温度、湿度、气流速度和气压等气候因素。

（3）工作条件

工作条件是从业人员在工作中的设施条件、工作环境、劳动强度和工作时间的总和。

（4）工作环境

工作环境是在工作空间中，从业人员周围的物理、化学、生物学、社会和文化环境。

（5）人机工程学

人机工程学是研究各种工作环境中人的因素，人和机器、环境的相互作用，以及在工作、生活中怎样才可以既能保障人的健康、安全与舒适，又可以兼顾工作效率等问题的学科。

（6）安全人机工程学

安全人机工程学是从安全的角度出发，以安全科学、系统科学与行为科学为基础，运用安全原理以及系统工程的方法，研究在人-机-环境系统中人与机、人与环境保持什么样的关系才能保障人的安全的学科。

（7）人体测量

人体测量是应用标准的测量仪器和测量方法对人体整体或局部进行的静态（线性、角度、内积、体积等）和动态（质心、重心、惯性、动作范围等）的测量。

（8）立姿

被测者挺胸直立，头部以法兰克福平面为基准，平视前方，肩部放松，两臂自然下垂，手掌朝内，手指自然伸直轻贴大腿外侧，脚跟并拢，脚尖向外分开约45°，体重均匀分布于两足。

（9）坐姿

被测者挺胸坐在与腓骨头同高的平面上，头部以法兰克福平面为基准，平视前方，双腿平行放置，膝弯曲成90°，双脚平放在地面上，手轻放在大腿上。坐姿一般分为正直坐姿、后倾坐姿、前倾坐姿。

第 *4* 讲

安全生产规章制度和操作规程

🎯 4.1　安全生产规章制度及其相关法律责任

　　企业安全生产规章制度是指企业依据国家有关法律、法规、国家和行业标准，结合生产经营中的安全生产实际，以企业名义起草颁发的有关安全生产的规范性文件。一般包括规程、标准、规定、措施、办法、制度、指导意见等。

　　安全生产规章制度是企业贯彻国家安全生产方针政策的行动指南，是企业有效防范生产经营过程中的安全生产风险，保障从业人员安全和健康，加强安全管理的重要措施。

　　企业是安全生产的责任主体，国家有关法律、法规对企业加强安全生产规章制度建设有明确的要求。《安全生产法》规定：生产经营单位必须遵守本法和其他有关安全生产的法律、法规，加强安全生产管理，建立、健全安全生产责任制和安全生产规章制度，改善安全生产条件，推进安全生产标准化建设，提高安全生产水平，确保安全生产。《劳动法》规定：用人单位必须建立、健全劳动安全卫生制度，严格执行国家劳动安全卫生规程和标准。《职业病防治法》规定：用人单位应当建立、健全职业卫生管理制度和操作规程。另外，《中共中央国务院关于推进安全生产领域改革发展的意见》《安全生产"十三五"规划》《国务院关于进一步加强企业安全生产工作的通知》《危险化学品安全管理条例》《安全生产许可证条例》等国家相关文件、法规，都对企业安全生产规章制度建设提出了明确而具体的要求。

所以，建立、健全安全生产规章制度是国家有关安全生产法律、中央和国务院文件以及法规明确的企业的法定责任。

4.2 安全生产规章制度建设的依据和原则

4.2.1 安全生产规章制度建设的依据

（1）以安全生产法律、法规、国家和行业标准、地方政府的法规和标准为依据

企业安全生产规章制度必须符合国家有关法律、法规、国家和行业标准以及企业所在地政府相关法规、标准的要求。企业安全生产规章制度是一系列法律、法规在企业生产、经营过程中得到具体贯彻落实的体现。

（2）以生产经营过程中对危险、有害因素的辨识和事故教训为依据

安全生产规章制度建设的核心就是对危险、有害因素的辨识和控制。通过对危险、有害因素的辨识，规章制度建设的目的性和针对性得到了有效的提高，保障了生产经营的安全。同时，企业要积极借鉴相关事故教训，及时修订和完善规章制度，防范同类事故重复发生。

（3）以国际、国内先进的安全管理方法为依据

随着安全科学技术的迅猛发展，安全生产风险防范和控制的理论、方法不断完善。尤其是安全系统工程理论研究的不断深化，如职业安全健康管理体系、风险评估、安全评价体系的建立等，都为企业安全生产规章制度的建设提供了宝贵的参考资料。

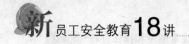

4.2.2　安全生产规章制度建设的原则

（1）主要负责人负责原则

安全生产规章制度建设，涉及企业的各个环节和所有人员，只有企业主要负责人亲自组织，才能有效调动企业的所有资源，协调各个方面的关系。对此，我国安全生产法律、法规有明确规定。例如，《安全生产法》规定：组织制定本单位安全生产规章制度和操作规程，是生产经营单位主要负责人的责任。

（2）安全第一原则

"安全第一、预防为主、综合治理"是我国的安全生产方针，也是安全生产客观规律的具体要求。企业要实现安全生产，就必须采取综合治理的措施，在预先防范上下功夫。在生产经营过程中，必须把安全工作放在各项工作的首位，正确处理安全生产和工程进度、经济效益等的关系。只有通过安全生产规章制度的建设，才能把安全生产这一客观要求融入企业的体制建设、机制建设和生产经营活动组织的各个环节，落实到生产经营中的各项工作，保障安全生产。

（3）系统性原则

风险来自生产经营过程之中，只要生产经营活动在进行，风险就客观存在。因而，要按照安全系统工程的原理，建立涵盖全员、全过程、全方位的安全生产规章制度。即建立涵盖企业每个环节、每个岗位、每个人；涵盖企业的规划设计、建设安装、生产调试、生产运行、技术改造的全过程；涵盖生产经营全过程的事故预防、应急处置、调查处理等方面的安全生产规章制度。

（4）规范化和标准化原则

安全生产规章制度的建设应实现规范化和标准化管理，以确保安全生产规章制度的严密、完整、有序。安全生产规章制度起草、审核、发布、教育培训、修订的组织管理程序要严密；安全生产规章制度编制要做到目的明确、流程清晰、标准明确，具有可操作性；

应按照系统性原则的要求，建立完整的安全生产规章制度体系。

 ## 4.3 安全生产规章制度的编制

企业应每年编制安全生产规章制度制定和修订的工作计划。工作计划的主要内容包括规章制度的名称、编制目的、主要内容、责任部门、进度安排等，确保安全生产规章制度的建设和管理有序进行。

安全生产规章制度的制定一般包括起草、会签、审核、发布等流程。安全生产规章制度发布后，企业应组织有关部门和人员进行学习和培训。而对于安全操作规程类安全生产规章制度，还应对相关人员进行考试，考试合格后才能上岗作业。安全生产规章制度日常管理的重点是在执行过程中的动态检查，以确保规章制度得到贯彻落实。

（1）起草

根据企业安全生产责任制，安全生产规章制度由负有安全管理职能的部门负责起草。起草前，应首先收集国家有关安全生产法律、法规、国家和行业标准、企业所在地政府有关法规和标准等，作为制度起草的依据。起草时，还应同时结合企业安全生产的实际情况。涉及安全技术标准、安全操作规程等的起草工作，还应查阅设备制造厂的说明书等。

安全生产规章制度起草要做到目的明确，条理清楚、结构严谨、用词准确、文字简明、标点符号正确。

技术规程规范、安全操作规程的编制应按照企业标准的格式进行起草。其他规章制度格式可根据内容分章（节）、条、款、项、目结构表达，内容单一的也可直接以条的方式表达。规章制度中的序号可用中文数字和阿拉伯数字依次表述。

规章制度的草案应对起草目的、适用范围、主管部门、具体规范、解释部门和施行日期等作出明确的规定。

新的规章制度代替原有规章制度时，应在草案中写明废止的内容。

（2）会签

主管部门起草的规章制度草案，应在送交相关领导签发前征求有关部门的意见。意见不一致时，一般由企业主要负责人或分管安全生产的负责人主持会议，征集意见。

（3）审核

安全生产规章制度在签发前，应进行审核。一是由企业负责法律事务的部门，对规章制度与相关法律、法规的符合性及与企业现行规章制度一致性进行审查；二是提交企业职工代表大会或安全生产委员会会议进行讨论，对各方面工作的协调性、各方利益的统筹性进行审查。

（4）签发

技术规程规范、安全操作规程等一般技术性安全生产规章制度由企业分管安全生产的负责人签发，涉及全局性的综合管理类安全生产规章制度应由企业主要负责人签发。

签发后要进行编号，注明生效时间，如"自发布之日起执行"或"现予发布，自某年某月某日起施行"。

（5）发布

企业的安全生产规章制度应采用固定的发布方式，如通过红头文件形式、在企业内部办公网络发布等。发布的范围应覆盖与制度相关的部门及人员。

（6）培训和考试

新颁布的安全生产规章制度应组织相关人员进行培训，对安全操作规程类制度，还应组织考试。

（7）修订

企业应每年对安全生产规章制度进行一次修订，并公布现行有效的安全生产规章制度清单。对安全操作规程类制度，除每年进行一次修订外，每3~5年还应进行一次全面修订，并重新印刷。

4.4 安全生产规章制度建设的内容

以下介绍安全生产规章制度的编制框架和主要内容，对于特殊或专项作业项目的安全生产规章制度，企业可结合自身要求加以制定。

（1）安全教育培训制度

详细内容见第5讲。

（2）安全检查制度

1）企业安全管理机构应每月对安全生产责任制、安全生产制度的落实、安全教育培训、重大危险源及重要危险部位进行一次安全检查，并结合季节变化开展季节性检查、排查，及时消除事故隐患。

2）各车间每周进行一次安全检查，主要检查机器设备、设施的安全生产状况，排查事故隐患。

3）班组每日进行一次安全检查，主要检查从业人员是否遵守操作规程，是否按规定佩戴劳动防护用品，纠正违章现象。

4）单位专职、兼职安全员定时巡检，及时发现事故隐患。

5）所有检查结果要有记录，对检查出的事故隐患或违反规定的行为应及时上报，立即排除。

各企业结合本单位的实际，在编制检查制度时应列出工作现场的重点检查内容，以及检查人、检查时间、消除事故隐患的措施等内容。

（3）安全奖惩制度

安全奖惩制度的编制应结合本单位不同岗位而定，应找出各岗位易发生的违反规定、标准、操作规程的行为，以及各部门及单位领导在岗位责任制中易发生违反规定行为的范围。根据情节轻重制定出处罚标准及奖励的有关条款。可依照以下内容确定奖励标准：

1）对安全管理有突出贡献的。

2) 发现生产安全重大事故隐患的。

3) 拒绝或举报违章作业的。

4) 在事故中抢险救灾做出突出贡献的。

奖惩的实施由谁来决定，应在制度中予以明确。

（4）生产安全事故的报告和处理制度

1) 发生生产安全事故后，应立即上报上级安全生产主管部门，主管部门根据事故情况上报有关部门处理。

2) 发生生产安全事故后，事故部门或个人要保护好现场，不得将事故现场随意变动或恢复。

3) 事故部门或事故当事人要积极协助调查分析，不得隐瞒事故真相。

4) 对各类事故要按照"四不放过"的原则，查明原因，分清责任，接受教育，提出处理意见，建立防范措施。

另外，针对违反操作规程、违章作业、违章指挥所造成的事故，应按严重程度，将对责任人的行政、经济处罚标准作为条款编入制度中。

应将从业人员的工伤保险、休假等规定条款编入制度中。

（5）劳动防护用品管理制度

为确保企业生产安全进行，保护从业人员的人身安全与健康，应依据《安全生产法》，结合本单位具体情况，按不同工种的劳动防护要求，确定从业人员劳动防护用品发放标准。编制条款主要包括以下内容：

1) 要明确所发放的劳动防护用品的名称、使用年限和发放部门。

2) 明确劳动防护用品的标准和范围。

3) 明确劳动防护用品的采购部门及质量保障要求。

4) 明确回收的时限和负责部门。

5) 明确丢失或损坏的处理标准和补发条款。

6）明确从业人员使用劳动防护用品的要求。

根据以上条款，企业可结合自身实际情况编制劳动防护用品管理制度。

（6）设备安全管理制度

设备安全管理制度的编制应包括以下内容：

1）对设备的选购要满足安全技术要求。

2）设备的维护、保养时限和方法。

3）设备应具有可靠的安全防护装置。

4）明确设备的危险部位和维修措施。

5）对设备进行安全检查的时限和内容。

6）设备操作人员的培训和持证要求。

7）设备异常情况的紧急处置措施。

不同的设备应有不同的标准与要求，在编制设备安全管理制度时应结合单位设备状况，在制度中作出具体要求。

（7）危险作业管理制度

危险作业一般包括吊装作业、动土作业、拆除作业、动火作业、高处作业、密闭空间作业、焊接与切割作业、电气设备使用、厂内机动车辆作业、手持电动工具作业等。危险作业管理制度的编制应明确以下内容：

1）本单位危险作业的批准部门和批准程序。

2）现场保护措施。

3）明确责任人、现场指挥员、现场操作人员、现场救护（防护）人员。

4）明确操作人员需持有的特种作业证件。

5）明确如何正确佩戴和使用劳动防护用品。

6）明确要做好的现场记录。

（8）安全操作规程

安全操作规程是从业人员操作机械、调整仪器仪表以及从事其他作业时必须遵守的程序和注意事项。

企业应根据本单位的机械设备种类和台数,实行"一机一操作"规程。不同设备有不同要求,可根据使用说明书,国家或行业标准,安全管理规程有关的检测、检验技术标准规范编制。具体可包括以下内容:

1) 开动设备接通电源之前,应清理工作现场,仔细检查各种手柄位置是否正确,安全装置是否齐全。

2) 开动设备前,应先检查油箱中的油量是否充足,油路是否畅通,并按润滑图表卡进行润滑工作。

3) 变速时,各变速手柄必须转换到指定位置。

4) 工件必须装卡牢固,以免松动甩出造成事故。

5) 已卡紧的工件不得再行敲打校正,以免影响设备精度。

6) 要经常保持润滑工具及润滑系统的清洁,不得敞开油箱盖,以免灰尘、铁屑等杂物进入。

7) 开动设备时必须盖好电气箱盖,不允许有活物、水、油等进入电机或电气装置内。

8) 设备外露基准面或滑动面上不准堆放工具、产品等,以免碰伤设备,影响设备正常使用。

9) 严禁超性能、超负荷使用设备。

10) 采取自动控制时,首先要调整好限位装置,以免超越行程,造成事故。

11) 设备运转时操作人员不得离开工作岗位,并要经常检查各部位有无异常(异声、异味、发热、振动等)。发现故障,应立即停止操作,及时排除。凡属操作人员不能排除的故障,应及时通知维修人员排除。

12) 操作人员离开设备,装卸工件,或对设备进行调整、清洁或润滑时,都应切断电源。

13) 不得拆除设备上的安全防护装置。

14）调整或维修设备时，要正确使用拆卸工具，严禁乱敲乱拆。

15）人员注意力要集中，劳动防护用品使用等要符合要求，站立位置要安全。

16）特殊危险物品的安全要求等。

🎯 4.5 安全操作规程相关法律责任

《安全生产法》规定：生产经营单位的主要负责人应组织制定本单位安全生产规章制度和操作规程，安全生产管理机构以及安全生产管理人员组织或者参与拟订本单位安全生产规章制度、操作规程和生产安全事故应急救援预案。生产经营单位应当对从业人员进行安全生产教育和培训，保证从业人员具备必要的安全生产知识，熟悉有关的安全生产规章制度和安全操作规程，掌握本岗位的安全操作技能，了解事故应急处理措施，知悉自身在安全生产方面的权利和义务。未经安全生产教育和培训不合格的从业人员，不得上岗作业。生产经营单位使用被派遣劳动者的，应当将被派遣劳动者纳入本单位从业人员统一管理，对被派遣劳动者进行岗位安全生产操作规程和安全操作技能的教育和培训。劳务派遣单位应当对被派遣劳动者进行必要的安全生产教育和培训。生产经营单位应当教育和督促从业人员严格执行本单位的安全生产规章制度和安全生产操作规程；并向从业人员如实告知作业场所和工作岗位存在的危险因素、防范措施以及事故应急措施。从业人员在作业过程中，应当严格遵守本单位的安全生产规章制度和安全生产操作规程，服从管理，正确佩戴和使用劳动防护用品。

《职业病防治法》规定：用人单位应当建立、健全职业卫生管理制度和操作规程。产生职业病危害的用人单位，应当在醒目位置设置公告栏，公布有关职业病防治的规章制度、操作规程、职业病危害事故应急救援措施和工作场所职业病危害因素检测结果。用人单位应当对劳动者进行上岗前的职业卫生培训和在岗期间的定期职业卫生培训，普及职业卫生知识，督促劳动者遵守职业病防治法律、法规、规章和操作规程，指导劳动者正确使用职业病防护设备和个人使用的职业病防护用品。劳动者应当学习和掌握相关的职业卫生知识，增强职业病防范意识，遵守职业病防治法律、法规、规章和操作规程，正确使用、维护职业病防护设备和个人使用的职业病防护用品，发现职业病危害事故隐患应当及时报告。

🎯 4.6　安全操作规程的编制

（1）编制依据

1）现行的国家、行业安全技术标准和规范、安全规程等。

2）设备的使用说明书、工作原理资料，以及设计、制造资料。

3）曾经出现过的危险、事故案例及与本项操作有关的其他不安全因素。

4）作业环境条件、工作制度、安全生产责任制等。

（2）内容

搜集以上相关资料后，即可编写安全操作规程。安全操作规程的内容应该简练、易懂、易记，条目的先后顺序力求与操作顺序一致。安全操作规程一般包括以下几项内容：

1）操作前的准备，包括操作前做哪些检查，机器设备和环境应该处于什么状态，应做哪些调查，准备哪些工具等。

2）劳动防护用品的使用要求，如应该和禁止使用的防护用品种类，以及如何使用等。

3）操作的先后顺序、方式。

4）操作过程中机器设备的状态，如手柄、开关所处的位置等。

5）操作过程需要进行的测试、调整及其方式方法。

6）操作人员所处的位置和操作时的规范姿势。

7）操作过程中必须禁止的行为。

8）一些特殊要求。

9）异常情况及其处理方法。

10）其他要求。

（3）编写方法

在编写安全操作规程时应考虑以下几个方面：

1）要考虑岗位存在的危险、有害因素，将其全部罗列出来，以此作为编写依据，有针对性地避免操作人员接触这些危险、有害因素，防止产生不良后果。例如，开车时不准或禁止用手触摸某些运动部件，以防轧伤手指；上岗前必须戴好防护口罩，以防发生苯中毒。从上述两例看，应以"做什么时，应该或不应该那么去做，否则就有危险"的条文格式来告诫操作人员，做到条理清楚，警告有力。

2）要考虑各岗位因人的不安全行为而产生的不安全问题。机器在运转中可能产生螺栓松动、轴与轴承磨损现象，进而引起机件走动，引发间接事故。螺栓松动、轴与轴承磨损有时与装配质量有关，因此要求操作人员保证装配质量，防止事故发生。例如，装配机件时，要拧紧皮带轮固定螺栓，防止回转时机件松动飞出伤人。

3）要考虑事故防不胜防，提醒操作人员注意安全，防止意外事故发生。尽管人的不安全行为和物的不安全状态都控制得很好，编写时还要增加注意安全方面的条款。例如，抬笨重物品时应先检查绳索、杠棒是否牢固，两人要前呼后应，步调一致，防止物品下落砸伤腿脚；检修时，应切断电源，挂上"不准开车"指示牌，以防他人误开车发生人身伤亡事故。

4）要考虑设备可能出现的故障，并通知有关人员。例如，机器运转时，如果闻到焦味或听到异响，应及时关闭机器并报告当班班长；电气设备发生故障时，应通知电工，不准自行修理。

5）要考虑作业连贯性、安全性、整体性，把每个工作环节可能出现的不安全问题都考虑进去，形成完整的安全操作规程，以利于责任追究和考核。例如，不准酒后登高；登高时，不准穿易滑的鞋子。

（4）编写要求

1）调查本单位现行的生产工艺、已投入生产的生产设备（设施）、在用的工具、作业场所环境等有关资料及情况。

2）根据本单位生产工艺规程确定的生产工艺及其流程和作业场所环境条件，对全部生产岗位全部生产操作的全过程，主要应用伤亡事故致因理论中的能量错误释放理论和轨迹交叉理论进行危险、有害因素辨识。并在此基础上制定安全操作规程，使所制定的安全操作规程科学合理、有安全性，切实可行、有可操作性，确保实施以后能有效控制不安全行为，避免伤亡事故；确保避免因操作不当导致设备损坏，进而发生伤亡事故。

3）要吸取事故（包括本单位曾发生的事故和尽可能搜集到的同行业、同类型单位曾发生的事故）教训，把处理事故时制定的防止重复性事故发生的有关规范、约束操作人员行为的措施写进安全操作规程。

4）安全操作规程不能只作原则性或抽象的规定，不能只明确"不准干什么、不准怎样干"而不明确"应怎样干"，不能留有让操作人员"想当然、自由发挥"的余地。

5）安全操作规程中的要求和规定不能为了突出重点而放弃次点，要具体详尽，宜细不宜粗，能细则细，应有可操作性，应明确操作中禁止的操作，必需的操作步骤、操作方法、操作注意事项和正确使用劳动防护用品的要求以及出现异常时的应急措施。

6）涉及设备（设施）操作的安全操作规程应包括如何正确操纵设备（设施）的规定，以防止因操作不当而导致设备（设施）损坏。

7）安全操作规程的文字表述要直观、简明，便于操作人员理解、掌握和记忆。

第 **5** 讲

安全文化和教育培训

🎯 5.1 安全文化概述

5.1.1 安全文化的含义及其功能

安全文化就是在人的生活过程和企业的生产经营活动过程中，保护人的健康、尊重人的生命、实现人的价值的文化。它的功能可以概括为一句话：将全体国民塑造成具有现代安全观的文化人，将企业的决策层、管理层及全体从业人员塑造成具有现代安全观的安全生产力。

安全文化的具体功能可归纳为以下 3 个方面：

（1）规范人的安全行为

使每一个社会成员都能理解安全的含义、对安全的责任、应具有的道德，从而自觉地规范自己的安全行为，也能自觉地帮助他人规范安全行为。

（2）组织及协调安全管理机制

安全管理与其他的专业性管理不同，它不像生产管理、材料管理、设备管理等那样局限于对企业某一个方面或某一部分人的管理，它是对企业一切方面、一切人员的管理，还承担着安全法规、安全知识的宣传。这就要求企业的一切部门、一切人员都要为实现安全生产协调一致，不能出现"梗阻"。要做到这一点，只有安全文化能使全体人员具有共同的安全行为准则。

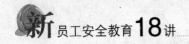

(3) 使生产进入安全高效的良性状态

实践证明，单纯依靠改善生产设备设施并不能保证企业安全、高效、有序地运行，还必须要有高水平的管理和高素质的从业人员。不论是提高安全管理水平，还是提高从业人员的安全素质，安全文化都是最基础的。安全文化建设的目的，就是要通过提高安全管理人员的管理水平，从而提高企业从业人员的安全素质。

5.1.2　安全文化建设的目标

过去人们常常把安全文化等同于安全宣传教育活动，这是一种片面的观点。安全宣传教育活动是推进安全文化进步的手段或载体（还包括安全管理和安全科技），是建设安全文化的重要组成部分和重要方面，但是安全宣传教育活动并不能完全体现安全文化的核心内容。

安全文化是一个社会在长期生产和生存活动中，凝结起来的一种文化氛围，是人们的安全观念、安全意识、安全态度，是人们对生命安全与健康价值的理解，是人们所认同的安全原则和接受的安全生产或安全生活的行为方式。明确安全文化的这些主要内涵，需要人们取得共识。建设安全文化的过程，主要是向着这些方面进行深化和拓展的过程。

对于一个企业，安全文化建设要将企业安全理念和安全价值观表现在决策者和管理者的态度及行动中，落实在企业的管理制度中，将安全管理融入企业管理实践中，将安全法规、制度落实在从业人员的行为方式中，将安全标准落实在生产工艺、技术和过程中，由此营造良好的安全生产氛围。安全文化建设可影响企业从业人员的安全生产自觉性，以文化的力量保障企业安全生产和生产经济发展，这样才能抓住安全文化建设的实质和根本内涵。

安全文化建设的高境界目标，是将社会和企业建设成"学习型组织"。一个具有活力的企业或组织必然是一个"学习团体"。学习是个人和组织生命的源泉，这是对现代社会组织或企业的共同要求。要提升一个企业的安全生产保障水平，需要提出这样的要求，即要求企业建立安全生产的"自律机制""自我约束机制"。要达到这一要求，成为"学习型组织"是重要的前提。由此，现代企业安全文化建设的重要方向，就是要使企业成为符合国际职业安全健康规则，国家安全生产法规、制度和相关要求的"学习型组织"，成为安全工程技术不断进步和安全管理水平不断提高的"学习型组织"。

学习型组织不仅要掌握安全知识、安全技能，懂得安全法规、标准和要求，更重要的是强化安全意识，端正安全态度，开发安全智慧。意识、态度、智慧以知识、技能为基础，有知识和技能并不等于有意识和智慧；有了知识和技能，还需强化意识和提高智慧。

安全意识包括责任意识、预防意识、风险意识、"安全第一"意识、"安全也是生产力"意识、"安全就是生活质量"意识、"安全就是最大的福利"意识等。

安全智慧表现在自觉学习安全知识、对新技术和环境的适应能力、超前预防的能力、系统综合对策的思想、"隐患险于明火"的认识论、"防范胜于救灾"的方法论等。

5.2 企业安全文化建设

5.2.1 企业安全文化的形态体系

从文化的形态来说，安全文化的范畴包含安全观念文化、安全行为文化、安全管理文化、安全物质文化等。安全观念文化是安全文化的精神层，安全行为文化和安全管理文化是安全文化的制度层，安全物质文化是安全文化的物质层。

（1）安全观念文化

安全观念文化主要是指决策者和大众共同接受的安全意识、安全理念、安全价值标准。安全观念文化是安全文化的核心和灵魂，是形成和提高安全行为文化、安全管理文化和安全物质文化的原因和基础。目前需要建立的安全观念文化是"预防为主""安全也是生产力""安全第一""安全就是效益""安全性是生活质量""风险最小化""最适安全性""安全超前""安全管理科学化"的观点，同时还有自我保护意识、保险防范意识、防患未然意识等。

（2）安全行为文化

安全行为文化指在安全观念文化指导下，人们在生活和生产过程中的安全行为准则、思维方式、行为模式的表现。安全行为文化既是安全观念文化的反映，同时又作用和改变安全观念文化。现代工业化社会需要发展的安全行为文化应具有科学的安全思维方式；建设学习型组织；强化高质量的安全学习；执行严格的安全规范，提高安全法规、标准的执行力；进行科学的安全领导和指挥；掌握必需的应急自救技能；进行合理的安全决策和操作等。

（3）安全管理文化

安全管理（制度）文化是企业安全文化中的重要部分。管理文化对社会组织（或企业）和组织人员的行为产生规范性、约束性影响和作用，它集中体现观念文化和物质文化对从业人员的要求。安全管理文化建设包括从建立法制观念、强化法制意识、端正法制态度，到科学地制定法规、标准和规章，以及严格地遵守执法程序和自觉地规范执法行为等内容。同时，安全管理文化建设还包括行政手段的改善和合理化，经济手段的建立与强化，科学管理方法的推行和普及等。

（4）安全物质文化

安全物质（环境）文化是安全文化的表层部分，它是形成安全观念文化和安全行为文化的条件。安全物质文化往往能体现出企业决策者和管理者的安全认识和态度，反映出企业安全管理的理念和哲学，折射出安全行为文化的成效。所以说，物质是文化的体现，又是文化发展的基础。企业生产过程中的安全物质文化体现在以下几个方面：一是人类技术和生活方式与生产工艺的本质安全性；二是生产、生活中所使用的技术、工具、装置、仪器等物质本身的安全条件和安全可靠性；三是有形的安全文化氛围（标识、警示、声光环境、人文器物等）。

5.2.2　企业安全文化建设的目的

企业建设和发展安全文化的目的，是提升企业全员的安全素质。在人的安全素质中，安全观念文化是最根本和基础的，而决策者和管理者的安全素质又是重中之重，因为安全观念文化是安全管理文化、安全行为文化和安全物质文化的根本和前提。现今，很多传统的安全观念已经不适应现代企业管理的要求，这就需要建立新的适应社会主义市场经济体制的安全观念。企业决策者和管理者在现代企业制度建设过程中，应建立优秀的安全观念文化，如科学发展、安全发展的科学观，以人民为中心的人本观，安全第一的哲学观，安全也是生产力的认识观，安全是最大福利的效益观，安全具有综合效益的价值观，设置合理安全性的风险观，人-机-环境协调的系统观，物本安全与人本安全的本质观，遵章（法）守纪的法制观，珍视他人生命与健康的情感观等。

企业安全文化建设的目的如下：

（1）让安全核心价值在企业生产经营理念中得到确立。

（2）使先进、优秀的安全观念文化获得全员普遍、高度认同。

（3）现代科学、合理的安全行为文化得到全体广泛、自觉的践行。

（4）安全生产目标纳入企业生产经营目标体系之中。

（5）生命安全与健康的终极意义获得从业人员接纳，并成为共识。

（6）安全健康成为企业每一位从业人员的精神动力。

（7）安全文化对决策者和管理者发挥着智力支持作用。

（8）安全文化像水和空气一样，是企业经营生产运行中的必需品且无处不在。

5.2.3　企业安全文化建设的方法与途径

（1）构建安全文化理念体系，提高从业人员安全文化素质

安全文化理念是人们关于企业安全以及安全管理的思想、认识、观念、意识，是企业安全文化的核心和灵魂，是建设企业安全文化的基础，也是企业的安全承诺。企业要认真建立本企业的安全文化理念，一是要结合行业特点、企业实际、岗位状况以及文化传统，提炼出富有特色、内涵深刻、易于记忆、便于理解，为从业人员所认同的安全文化理念并形成体系；二是要宣贯好安全文化理念，通过企业板报、电视、刊物、网络等多种传媒以及举办培训班、研讨会等多种方法，将企业安全文化理念根植于全体从业人员心中；三是要固化好安全文化理念，让从业人员处处能看见、时时被提醒、事事能贯彻，进而转化成为企业从业人员的自觉行动。

（2）加强安全制度体系建设，把安全文化融入企业管理全过程

安全制度是企业安全生产保障机制的重要组成部分，是企业安全文化理念的物化体现，是从业人员的行为规范，它包括各种安全生产规章制度、操作规程、厂规、厂纪等。加强安全制度体系建设，要重点抓好5个方面的工作：一是建立、健全安全生产责任制，做到全员、全过程、全方位安全责任化，形成"横向到边、纵向到底"的安全生产责任体系；二是抓好国家职业安全健康法律、法规的贯彻、执行；三是根据法律、法规的要求，结合企业实际，制定好各类安全生产规章制度；四是要抓好安全质量标准化体系建设，做到安全管理标准化、安全技术标准化、安全装备标准化、环境安全标准化和安全作业标准化；五是抓好制度执行，不断强化制度的执行力。

（3）建立、健全安全管理模式，形成良性循环的安全运行机制

科学、合理、有效的安全管理模式属于安全文化建设的重要范畴，它是现代企业安全生产的根本保证。目前，企业的安全生产标准化建设和职业安全健康管理体系等都是安全文化良好的载体和建设的依托，它们通过规范企业的行为，达到改善企业安全生产条件的目的。建立规范化的安全管理模式，可以从以下几个方面展开：

1）在规范从业人员行为方面：一是通过教育（演讲、演出、广播、电视、会议、板报等）规范人的安全理念，增强安全责任感，树立"我要安全"的意识；二是通过相应的规章制度（安全生产责任制、安全操作规程、安全奖惩制度等）规范人的行为，使其符合安全生产要求；三是通过各种安全培训考试和演练，如上岗培训、应急演练等，规范各类人员的操作，使其达到安全要求，确保实现人的本质安全化。

2）通过对设备设施的定期或不定期检查、认真评估以及技术改造，力争达到设备设施零缺陷，使"硬件"达到安全技术标准，并始终处于安全、良好的状态，实现物的本质安全化。

3）通过对生产岗位的工作环境改造，使其规范、卫生、整洁，改善人的心理状态，减少环境对操作人员的影响，从而使操作人员精力集中、心情舒畅地上岗操作，实现环境的本质安全化。

（4）建立现代企业有效、敏锐的安全信息管理系统

为营造良好的安全文化，企业需要建立一个有效、敏锐的安全信息管理系统，并创造条件使从业人员积极地使用。通过这个安全信息管理系统，企业可以有计划、有步骤、有目的地对从业人员进行安全生产法律、法规和方针、政策的教育；定期根据专业组织开展安全技术培训；开展技术练兵活动，利用安全例会传达上级部门的安全生产要求及会议精神，通报安全生产信息，分析安全生产形势等。

（5）建立和完善安全奖惩机制

建立和完善安全奖惩是一种激励机制，是推动企业安全文化建

设的重要手段，可以从以下几个方面着手：一是要适时组织安全专业考试；二是经常组织安全知识竞赛、安全技能练兵，对优秀者实行奖励；三是对违反操作规程，不按规定程序办事的人按照奖惩标准进行处罚。当然，建立安全文化，重不在罚，应以鼓励为主，促进行为自觉安全化，才是有效防止事故发生的根本。

构建现代企业安全文化，要教育培训从业人员接受并认同企业一系列安全生产规章制度，达到认识、意志、语言和行动上的统一，并形成习惯。使广大从业人员理解安全生产是生产力，不但能够间接创造效益，也能够直接创造效益。

（6）建立学习型组织，是推进安全文化建设的根本

企业安全文化建设是一个长期的过程，要使安全文化融入每位从业人员的意识并成为其自觉行动，必须通过系统的培训和学习。学习过程是理念认同过程，是提高安全意识、安全操作技能的过程。使广大从业人员从"要我安全"到"我要安全"，进而向"我会安全"转变，更要突出国内外先进管理方法、管理模式的学习。通过学习，不断改变旧的思想理念，创新管理模式，以适应新形势下安全管理的高标准、严要求。

安全文化的载体是企业从业人员，因此，企业必须通过加强从业人员对安全文化的认识，促使"安全第一、预防为主、综合治理"的理念融入从业人员意识形态中，使全体从业人员树立起正确的安全价值观，这是安全文化建设的一个重要任务。

🎯 5.3 安全教育培训概述

5.3.1 安全教育培训的目的

（1）统一思想，提高认识

通过教育，把企业所有从业人员的思想统一到"安全第一、预

防为主、综合治理"的方针上来，使企业的决策者和管理者真正把安全摆在第一位，在从事企业经营管理活动中坚持"五同时"（同时计划、同时布置、同时检查、同时总结、同时评比）的基本原则；使广大从业人员认识安全生产的重要性，从"要我安全"向"我要安全""我会安全"转变，做到"三不伤害"，即"我不伤害自己，我不伤害他人，我不被他人伤害"；提高企业自觉抵制"三违"（违规作业、违章指挥、违反劳动纪律）现象的能力。

（2）提高企业的安全管理水平

安全管理包括对全体从业人员的安全管理，对设备设施的安全技术管理和对作业环境的劳动卫生管理。安全教育培训可提高各级领导干部的安全生产政策水平，使其掌握有关安全生产法规、制度，学习应用先进的安全管理方法、手段；提高全体从业人员在各自工作范围内，对设备设施和作业环境的安全管理能力。

（3）提高全体从业人员的安全生产知识水平和安全生产技能

安全生产知识包括对生产活动中存在的各类危险因素和危险源的辨识、分析、预防、控制知识。安全生产技能包括安全操作技巧，紧急状态下应变能力以及事故状态下急救、自救和处理能力。安全教育培训可使广大从业人员掌握安全生产知识，提高安全操作水平，发挥自防自控的自我保护及相互保护作用，有效地防止事故发生。

鉴于企业现有的经济实力和科技水平，设备设施的安全状态尚未达到本质安全的程度，因此坚持不断地进行安全教育培训，减少和控制人的不安全行为，就显得尤为重要。

5.3.2　安全教育培训的特点

安全教育培训具有政策性、群众性、知识性和持久性的特点。

（1）政策性

安全教育培训必须坚持安全生产的方针政策，坚持社会主义市场经济条件下维护工人阶级利益的原则，贯彻党和国家的各项重大安全生产决策，并以国家有关法规、标准为依据。通过安全生产教育培训，提高企业全体从业人员，特别是企业各级管理者的安全生产政策水平。

（2）群众性

企业安全教育培训的对象是全体从业人员，包括各级领导和从事不同工作的每一位从业人员。只有全体从业人员都受到良好的教育，才能提高企业的整体安全素质。对任何角落的疏忽都可能导致事故。同时，每一次安全教育培训都要有明确的针对性，使从业人员能够掌握必要的安全知识。

（3）知识性

安全教育培训的内容极其广泛，既包含社会科学的有关内容，如安全经济学、安全法学、安全管理学等有关理论、方法，又包括自然科学的相关内容，如安全工程技术、职业卫生等知识，还包括各种生产作业的安全技能，如安全操作技能，事故的预防、预控、紧急处理和急救、自救等具体技能。

（4）持久性

持久性主要针对的是人们安全思想、观念、行为的反复性，为了巩固和强化安全观念和动机，必须坚持持久的安全教育培训。另外，安全法规、标准及安全技术不断增多和更新，也要求安全教育培训必须深入持久地开展下去，起到警钟长鸣的作用。

5.3.3 安全教育培训的内容

安全教育培训的内容主要包括思想教育、法制教育、知识教育和技能训练。

思想教育主要是安全生产方针政策教育、形势任务教育和重要意义教育等。形式多样、丰富多彩的安全教育培训可以使各级领导牢固地树立起"安全第一"的思想，正确处理各自业务范围内安全与生产、安全与效益的关系，主动采取事故预防措施；同时也可以提高全体从业人员的安全意识，激励其安全动机并自觉采取安全措施。

法制教育主要是法律法规教育、执法守法教育、权利义务教育等。法制教育可使企业的各级领导和全体从业人员知法、懂法、守法，以法规为准绳约束自己，履行自己的义务；以法规为武器维护自己的权利。

知识教育主要是安全管理、安全技术和职业卫生知识教育。知识教育可使企业的决策者和管理者了解和掌握安全生产规律，熟悉自己业务范围内必需的安全管理理论、方法及相关的安全技术，劳动卫生知识，提高安全管理水平；可使全体从业人员掌握各自必要的安全科学技术，提高企业的整体安全素质。

技能训练主要是针对各个岗位或工种的人员所必需的安全生产方法和手段的训练，如安全操作技能训练、危险预知训练、紧急状态事故处理训练、自救互救训练、消防演练、逃生救生训练等。技能训练可使从业人员掌握必备的安全生产技能与技巧。

5.3.4　安全教育培训制度

要搞好企业安全教育，实现教育目的，必须建立、健全一整套安全教育制度。目前，我国企业中所建立的安全教育制度主要有三级安全教育、特种作业人员安全教育、复工教育、安全技术管理干部和安全员教育、中层以上干部教育、班组长教育、工人复训教育等制度，以及相应的安全教育管理制度。

（1）三级安全教育制度

这是企业安全教育的基本制度。教育对象是新进厂人员，包括新进厂的工人、干部、学徒工、临时工、合同工、季节工、代培人员和实习人员。三级安全教育指厂级安全教育、车间级安全教育和班组级安全教育。

三级安全教育的有关人员和内容与时间等要求，详见本讲第四节。

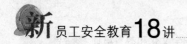

（2）特种作业人员安全教育制度

特种作业是指容易发生事故，对操作者本人、他人的安全健康及设备设施的安全可能造成重大危害的作业。

特种作业人员在劳动过程中担负着特殊任务，所承担的风险较大，一旦发生事故，便会给企业生产、人员生命安全带来较大损失。因此，对特种作业人员必须坚持进行专门的安全技术知识教育和安全操作技术训练，并经严格的考试。考试合格并取得特种作业操作证者，方可上岗工作。

特种作业人员的安全教育，一般采取按专业分批集中脱产、集体授课的方式。教育内容则根据不同工种、专业的具体特点和要求而定，但都应包括理论学习和实际训练两大部分。企业要建立特种作业人员安全教育卡档案。特种作业人员经理论及操作考试合格后，到有关部门办理领取操作证手续。之后，按国家规定定期履行复审手续。

特种作业人员培训考核相关管理内容，详见本讲第四节。

（3）复工教育

复工教育包括工伤复工教育和离岗复工教育。从业人员因工负伤痊愈之后复工，必须到本企业的安全管理部门接受复工教育，熟悉岗位工作情况，进一步吸取事故教训，稳定思想情绪，确保安全上岗。从业人员较长时间离开工作岗位，由于工作环境可能改变，或操作技术生疏，需要由所在车间会同安全技术人员进行一定的复工教育。离岗3个月以上6个月以下复工者，要重新进行岗位安全教育；离岗6个月以上复工者，重新进行车间、岗位安全教育。

（4）全员安全教育

这是面向企业全体从业人员的定期安全教育，目的是全面落实企业的安全生产责任制，贯彻党和国家的安全生产方针、政策、法规、标准，不断增强"安全第一、预防为主、综合治理"的思想，提高从业人员的安全知识水平和安全技术素质。

（5）安全教育管理制度

实现按计划、有步骤地进行全员安全教育，保证教育质量，取得好的教育效果，真正提高从业人员的安全生产意识和安全生产技术素质，关键就是要做好安全教育管理工作。该项制度包括以下内容：

1）结合企业实际情况，编制企业年度安全教育计划，每个季度应有教育重点，每月要有教育内容。计划要有明确的针对性，要适应企业安全生产的特点和需要。

2）严格按制度进行教育对象的登记、培训、考核、发证、资料存档等工作，环环相扣、层层把关。坚决做到不经培训者、考试（核）不合格者、没有安全教育部门签发的合格证者，不准上岗工作。

3）要有相对稳定的教育培训大纲、培训教材和培训师资，确保教育时间和教学质量。

4）经常监督检查，认真查处允许未经培训的从业人员上岗操作和特种作业人员无证操作的责任单位和责任人员。

5.4　安全教育培训内容与时间

5.4.1　基本要求

根据《生产经营单位安全培训规定》（2006年1月17日国家安全生产监督管理总局令第3号公布，根据2013年8月29日国家安全生产监督管理总局令第63号第一次修正，根据2015年5月29日国家安全生产监督管理总局令第80号第二次修正），企业负责本单位从业人员安全培训工作。企业应当进行安全培训的从业人员包括主要负责人、安全生产管理人员、特种作业人员及其他从业人员。从事安全生产工作的相关人员是指从事安全教育培训工作的教师、危险化学品登记机构的登记人员、承担安全评价、咨询、检测、检验职责的人员、注册安全工程师以及安全生产应急救援人员等。

企业应当按照《安全生产法》和有关法律、行政法规以及《生产经营单位安全培训规定》，建立健全安全培训工作制度。企业从业人员应当接受安全培训，熟悉有关安全生产规章制度和安全操作规程，具备必要的安全生产知识，掌握本岗位的安全操作技能，增强预防事故、控制职业危害和应急处理的能力。未经安全生产教育和培训不合格的从业人员，不得上岗作业。

国务院安全生产监督管理部门指导全国安全培训工作，依法对全国的安全培训工作实施监督管理。国务院有关主管部门按照各自职责指导监督本行业安全培训工作，并按照《生产经营单位安全培训规定》制定实施办法。国家矿山安全监察局指导、监督、检查全国煤矿安全培训工作。各级安全生产监督管理部门和矿山安全监察机构按照各自的职责，依法对企业的安全培训工作实施监督管理。

5.4.2　安全培训的组织实施

国务院安全生产监督管理部门组织、指导和监督中央管理的企业的总公司（集团公司、总厂）主要负责人和安全管理人员的安全培训工作。国家矿山安全监察局组织、指导和监督中央管理的煤矿企业集团公司（总公司）主要负责人和安全管理人员的安全培训工作。省级安全生产监督管理部门组织、指导和监督省属企业及所辖区域内中央管理的工矿商贸企业分公司、子公司主要负责人和安全管理人员的培训工作，组织、指导和监督特种作业人员的培训工作。省级矿山安全监察机构组织、指导和监督所辖区域内煤矿企业主要负责人、安全管理人员和特种作业人员（含煤矿矿井使用的特种设备作业人员）的安全培训工作。市级、县级安全生产监督管理部门组织、指导和监督本行政区域内除中央企业、省属企业以外的其他企业主要负责人和安全管理人员的安全培训工作。

企业除主要负责人、安全管理人员、特种作业人员以外的从业人员的安全培训工作，由企业组织实施。具备安全培训条件的企业，应当以自主培训为主；也可以委托具备安全培训条件的机构，对从业人员进行安全培训。不具备安全培训条件的企业，应当委托具备安全培训条件的机构，对从业人员进行安全培训。

企业应当将安全培训工作纳入本单位年度工作计划，保证本单位安全培训工作所需资金。企业应建立、健全从业人员安全培训档案，详细、准确记录培训考核情况。企业安排从业人员进行安全培训期间，应当支付工资和必要的费用。

5.4.3 主要负责人、安全管理人员的安全培训

（1）培训内容

企业主要负责人和安全管理人员应当接受安全培训，具备与所从事的生产经营活动相适应的安全生产知识和管理能力。

煤矿、非煤矿山、危险化学品、烟花爆竹等企业主要负责人和安全管理人员，必须接受专门的安全培训，经安全监管监察部门对其安全生产知识和管理能力考核合格，取得安全资格证书后，方可任职。

1）企业主要负责人安全培训应当包括下列内容：国家安全生产方针、政策和有关安全生产的法律、法规、规章及标准，安全管理基本知识、安全生产技术、安全生产专业知识，重大危险源管理、重大事故防范、应急管理和救援组织以及事故调查处理的有关规定，职业危害及其预防措施，国内外先进的安全管理经验，典型事故和应急救援案例分析，其他需要培训的内容。

2）企业安全管理人员安全培训应当包括下列内容：国家安全生产方针、政策和有关安全生产的法律、法规、规章及标准，安全管理、安全生产技术、职业卫生等知识，伤亡事故统计、报告及职业危害的调查处理方法，应急管理、应急预案编制以及应急处置的内容和要求，国内外先进的安全管理经验，典型事故和应急救援案例

分析，其他需要培训的内容。

（2）培训时间和培训大纲

1）企业主要负责人和安全管理人员初次安全培训时间不得少于32学时，每年再培训时间不得少于12学时。

煤矿、非煤矿山、危险化学品、烟花爆竹等企业主要负责人和安全管理人员初次安全培训时间不得少于48学时，每年再培训时间不得少于16学时。

2）企业主要负责人和安全管理人员的安全培训必须依照安全监管监察部门制定的安全培训大纲实施。

非煤矿山、危险化学品、烟花爆竹等企业主要负责人和安全管理人员的安全培训大纲及考核标准由应急管理部统一制定。

煤矿主要负责人和安全管理人员的安全培训大纲及考核标准由国家矿山安全监察局制定。

煤矿、非煤矿山、危险化学品、烟花爆竹以外的其他企业主要负责人和安全管理人员的安全培训大纲及考核标准，由省（自治区、直辖市）安全生产监督管理部门制定。

5.4.4　其他从业人员的安全培训

（1）培训的人员

煤矿、非煤矿山、危险化学品、烟花爆竹等企业必须对新上岗的临时工、合同工、劳务工、轮换工、协议工等进行强制性安全培训，保证其具备本岗位安全操作、自救互救以及应急处置所需的知识和技能后，方能安排上岗作业。

加工、制造业等生产单位的其他从业人员，在上岗前必须经过厂（矿）、车间（工段、区、队）、班组三级安全培训教育。

企业可以根据工作性质对其他从业人员进行安全培训，保证其具备本岗位安全操作、应急处置等知识和技能。

（2）培训的时间

企业新上岗的从业人员，岗前培训时间不得少于24学时。

煤矿、非煤矿山、危险化学品、烟花爆竹等企业新上岗的从业人员安全培训时间不得少于72学时，每年接受再培训的时间不得少于20学时。

（3）培训的内容

1）厂（矿）级岗前安全培训内容应当包括本单位安全生产情况及安全生产基本知识、本单位安全生产规章制度和劳动纪律、从业人员安全生产权利和义务、有关事故案例等。

煤矿、非煤矿山、危险化学品、烟花爆竹等企业厂（矿）级安全培训除包括上述内容外，应当增加事故应急救援、事故应急预案演练及防范措施等内容。

2）车间（工段、区、队）级岗前安全培训内容应当包括工作环境及危险因素，所从事工种可能遭受的职业伤害和伤亡事故，所从事工种的安全职责、操作技能及强制性标准，自救互救、急救方法、疏散和现场紧急情况的处理，安全设备设施、劳动防护用品的使用和维护，本车间（工段、区、队）安全生产状况及规章制度，预防事故和职业危害的措施及应注意的安全事项，有关事故案例及其他需要培训的内容。

3）班组级岗前安全培训内容应当包括岗位安全操作规程、岗位之间工作衔接配合的安全与职业卫生事项、有关事故案例及其他需要培训的内容。

从业人员在本企业内调整工作岗位或离岗一年以上重新上岗时，应当重新接受车间（工段、区、队）级和班组级的安全培训。企业实施新工艺、新技术或者使用新设备、新材料时，应当对有关从业人员重新进行有针对性的安全培训。

企业的特种作业人员，必须按照国家有关法律、法规的规定接受专门的安全培训，经考核合格，取得特种作业操作证书后，方可上岗作业。

🎯 5.5　特种作业人员安全技术培训考核

5.5.1　基本要求

（1）培训考核工作原则

根据《特种作业人员安全技术培训考核管理规定》（2010 年 5 月 24 日国家安全生产监督管理总局令第 30 号公布，根据 2013 年 8 月 29 日国家安全生产监督管理总局令第 63 号修正，根据 2015 年 5 月 29 日国家安全生产监督管理总局令第 80 号第二次修正），特种作业人员的安全技术培训、考核、发证、复审工作实行统一监管、分级实施、教考分离的原则。特种作业是指容易发生事故，对操作人员本人、他人的安全健康及设备设施的安全可能造成重大危害的作业。特种作业共 11 个作业类别、51 个工种，具体可查询参阅《特种作业人员安全技术培训考核管理规定》的附件《特种作业目录》。这些特种作业具备以下特点：一是独立性，有独立的岗位，由专人操作，操作人员必须具备一定的安全生产知识和技能；二是危险性，作业危险性较大，如果操作不当，容易对操作人员本人、他人或物造成伤害，甚至发生重大伤亡事故；三是特殊性，从事特种作业的人员不能很多，总体上讲，每个类别的特种作业人员一般不超过该行业或领域全体从业人员的 30%。

（2）特种作业人员

特种作业人员是指直接从事特种作业的从业人员，应当符合下列条件：

1）年满 18 周岁，且不超过国家法定退休年龄。

2）经社区或者县级以上医疗机构体检健康合格，并无妨碍从事相应特种作业的器质性心脏病、癫痫病、美尼尔氏症、眩晕症、癔症、帕金森病以及其他疾病和生理缺陷。

3）具有初中及以上文化程度（危险化学品特种作业人员应当具备高中或者相当于高中及以上文化程度）。

4）具备必要的安全技术知识与技能。

5）相应特种作业规定的其他条件。

特种作业人员必须经专门的安全技术培训并考核合格，取得特种作业操作证后方可上岗作业。

（3）监督管理

国务院安全生产监督管理部门指导、监督全国特种作业人员的安全技术培训、考核、发证、复审工作；省（自治区、直辖市）人民政府安全生产监督管理部门指导、监督本行政区域特种作业人员的安全技术培训工作，负责本行政区域特种作业人员的考核、发证、复审工作；县级以上地方人民政府安全生产监督管理部门负责监督检查本行政区域特种作业人员的安全技术培训和持证上岗工作。

国家矿山安全监察局指导、监督全国煤矿特种作业人员（含煤矿矿井使用的特种设备作业人员）的安全技术培训、考核、发证、复审工作；省（自治区、直辖市）人民政府负责煤矿特种作业人员考核发证工作的部门或者指定的机构指导、监督本行政区域煤矿特种作业人员的安全技术培训工作，负责本行政区域煤矿特种作业人员的考核、发证、复审工作。

省（自治区、直辖市）人民政府安全生产监督管理部门和负责煤矿特种作业人员考核发证工作的部门或者指定的机构（以下统称考核发证机关）可以委托设区的市人民政府安全生产监督管理部门和负责煤矿特种作业人员考核发证工作的部门或者指定的机构实施特种作业人员的考核、发证、复审工作。

对特种作业人员安全技术培训、考核、发证、复审工作中的违法行为，任何单位和个人均有权向国务院安全生产监督管理部门、国家矿山安全监察局和省（自治区、直辖市）及设区的市人民政府安全生产监督管理部门、负责煤矿特种作业人员考核发证工作的部门或者指定的机构举报。

5.5.2 培训

特种作业人员应当接受与其所从事的特种作业相应的安全技术理论培训和实际操作培训。已经取得职业高中、技工学校及中专以上学历的毕业生从事与其所学专业相应的特种作业，持学历证明经考核发证机关同意，可以免予相关专业的培训。跨省（自治区、直辖市）从业的特种作业人员，可以在户籍所在地或者从业所在地参加培训。

对特种作业人员的安全技术培训，具备安全培训条件的企业应当以自主培训为主，也可以委托具备安全培训条件的机构进行培训。不具备安全培训条件的企业，应当委托具备安全培训条件的机构进行培训。企业委托其他机构进行特种作业人员安全技术培训的，保证安全技术培训的责任仍由本单位负责。

从事特种作业人员安全技术培训的机构（以下统称培训机构），应当编制相应的培训计划、教学安排，并按照相关部门制定的特种作业人员培训大纲和煤矿特种作业人员培训大纲进行特种作业人员的安全技术培训。

5.5.3 考核取证

特种作业人员的考核包括考试和审核两部分。考试由考核发证机关或其委托的单位负责，审核由考核发证机关负责。国务院安全生产监督管理部门、矿山安全监察局分别制定特种作业人员、煤矿特种作业人员的考核标准，并建立相应的考试题库。考核发证机关或其委托的单位应当按照国务院安全生产监督管理部门、矿山安全监察局统一制定的考核标准进行考核。

参加特种作业操作资格考试的人员，应当填写考试申请表，由申请人或者申请人的用人单位持学历证明或者培训机构出具的培训证明向申请人户籍所在地或者从业所在地的考核发证机关或其委托的单位提出申请。考核发证机关或其委托的单位收到申请后，应当在 60 日内组织考试。特种作业操作资格考试包括安全技术理论考试和实际操作考试两部分。考试不及格的，允许补考 1 次。经补考仍不及格的，重新参加相应的安全技术培训。

考核发证机关委托承担特种作业操作资格考试的单位应当具备相应的场所、设施、设备等条件，建立相应的管理制度，并公布收费标准等信息。考核发证机关或其委托承担特种作业操作资格考试的单位，应当在考试结束后 10 个工作日内公布考试成绩。符合规定并经考试合格的特种作业人员，应当向其户籍所在地或者从业所在地的考核发证机关申请办理特种作业操作证，并提交身份证复印件、学历证书复印件、体检证明、考试合格证明等材料。

收到申请的考核发证机关应当在 5 个工作日内完成对特种作业人员所提交申请材料的审查，作出受理或者不予受理的决定。能够当场作出受理决定的，应当当场作出受理决定；申请材料不齐全或者不符合要求的，应当当场或者在 5 个工作日内一次性告知申请人需要补正的全部内容，逾期不告知的，视为自收到申请材料之日起即已受理。对已经受理的申请，考核发证机关应当在 20 个工作日内完成审核工作。符合条件的，颁发特种作业操作证；不符合条件的，应当说明理由。

特种作业操作证有效期为 6 年，在全国范围内有效。特种作业操作证由国务院安全生产监督管理部门统一式样、标准及编号。特种作业操作证遗失的，应当向原考核发证机关提出书面申请，经原考核发证机关审查同意后，予以补发。特种作业操作证所记载的信息发生变化或者损毁的，应当向原考核发证机关提出书面申请，经原考核发证机关审查确认后，予以更换或者更新。

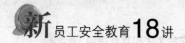

5.5.4 复审

特种作业操作证每 3 年复审 1 次。特种作业人员在特种作业操作证有效期内，连续从事本工种 10 年以上，严格遵守有关安全生产法律、法规的，经原考核发证机关或者从业所在地考核发证机关同意，特种作业操作证的复审时间可以延长至每 6 年 1 次。

特种作业操作证需要复审的，应当在期满前 60 日内，由申请人或者申请人的用人单位向原考核发证机关或者从业所在地考核发证机关提出申请，并提交以下材料：社区或者县级以上医疗机构出具的健康证明，从事特种作业的情况，安全培训考试合格记录。

特种作业操作证有效期届满需要延期换证的，应当按照规定申请延期复审。特种作业操作证申请复审或者延期复审前，特种作业人员应当参加必要的安全培训并考试合格。安全培训时间不少于 8 学时，主要培训法律、法规、标准、事故案例和有关新工艺、新技术、新装备等知识。

申请复审的，考核发证机关应当在收到申请之日起 20 个工作日内完成复审工作。复审合格的，由考核发证机关签章、登记，予以确认；不合格的，不予以确认并说明理由。申请延期复审的，经复审合格后，由考核发证机关重新颁发特种作业操作证。

特种作业人员有下列情形之一的，复审或者延期复审不予通过：

（1）健康体检不合格的。

（2）违章操作造成严重后果或者有 2 次以上违章行为，并经查证确实的。

（3）有安全生产违法行为，并给予行政处罚的。

（4）拒绝、阻碍安全监管监察部门监督检查的。

（5）未按规定参加安全培训，或者考试不合格的。

（6）具有按规定应当依法被撤销操作证的情形的。

特种作业操作证复审或者延期复审符合上述第 2）项至第 5）项

情形的，按照规定经重新安全培训考试合格后，再办理复审或者延期复审手续。再复审、延期复审仍不合格，或者未按期复审的，特种作业操作证失效。申请人对复审或者延期复审有异议的，可以依法申请行政复议或者提起行政诉讼。

第 **6** 讲

劳动防护用品和安全警示标识

6.1 劳动防护用品的分类

6.1.1 劳动防护用品及其特点

劳动防护用品是指由企业为从业人员配备的，使其在劳动过程中免遭或者减轻事故伤害及职业危害的个体防护装备。劳动防护用品是保护从业人员安全与健康必不可少的辅助措施，是防止从业人员受到职业毒害和伤害的最后一项有效措施。同时，劳动防护用品与从业人员的福利待遇以及防护产品质量、产品卫生和生活卫生需要的非防护性工作用品有着原则性的区别。具体来说，劳动防护用品具有以下3个特点：

（1）特殊性

劳动防护用品不同于一般的商品，是保障从业人员安全与健康的特殊用品，企业必须按照国家和省、市劳动防护用品有关标准进行选择和发放。尤其是特种劳动防护用品，因其具有特殊的防护功能，国家在生产、购买、使用等环节中都有严格的要求。

（2）适用性

劳动防护用品的适用性既包括防护用品选择的适用性，也包括使用的适用性。选择的适用性是指必须根据不同的工种和作业环境以及使用者的自身特点等选用合适的防护用品。例如，耳塞和防噪声帽有大小型号之分，如果选择的型号太小，就无法很好地起到防护噪声的作用。使用的适用性是指防护用品须在进入工作岗位时使用，这不仅要求产品的防护性能可靠，确保使用者的安全，而且还要求产品适用性能好、方便、灵活，使用者乐于使用。因此，对于结构较复杂的防护用品，生产厂家应经过一定时间试用，对其适用性及推广应用价值进行科学评价后才能投产销售。

（3）时效性

防护用品均有一定的使用寿命。例如，橡胶类、塑料等制品，长时间受紫外线及冷热温度影响会逐渐老化而易折断；有些护目镜和面罩，受光线照射和擦拭，或者受空气中酸、碱蒸气的腐蚀，镜片的透光率会逐渐下降而失去使用价值；绝缘鞋（靴）、防静电鞋和导电鞋等，随着鞋底的磨损，电学性能也会改变。一些防护用品的零件长期使用会发生磨损，影响力学性能。有些防护用品的保存条件也会影响其使用寿命，如温度及湿度等。

6.1.2 劳动防护用品具体分类

（1）按人体保护部位分类

《劳动防护用品分类与代码》（LD/T 75—1995）实行以人体保护部位划分的分类标准，将劳动防护用品分为头部防护用品、呼吸器官防护用品、眼（面）部防护用品、听觉器官防护用品、手部防护用品、足部防护用品、躯干防护用品、护肤用品、防坠落用品 9 大类。

1）头部防护用品包括安全帽、防尘帽、防静电帽等。

2）呼吸器官防护用品包括防尘口罩和防毒面罩。

3）眼（面）部防护用品包括防护眼镜和防护面罩。

4）听觉器官防护用品包括耳塞、耳罩和防噪声头盔等。

5）手部防护用品包括一般防护手套、防水手套、防寒手套、防毒手套、防静电手套、防高温手套、防 X 射线手套、防酸（碱）手套、防振手套、防切割手套、绝缘手套等。

6）足部防护用品包括防尘鞋、防水鞋、防寒鞋、防静电鞋、防酸（碱）鞋、防油鞋、防烫脚鞋、防滑鞋、防刺穿鞋、电绝缘鞋、防振鞋等。

7）躯干防护用品包括一般防护服、防水服、防寒服、防砸背心、防毒服、阻燃服、防静电服、防高温服、防电磁辐射服、耐酸（碱）服、防油服、水上救生衣、防昆虫服、防风沙服等。

8）护肤用品可分为防毒护肤用品、防腐护肤用品、防射线护肤用品、防油漆护肤用品等。

9）防坠落用品包括安全带和安全网。

（2）按防御的职业病危害因素分类

根据《用人单位劳动防护用品管理规范》，劳动防护用品分为以下10大类：

1）防御物理、化学和生物危险、有害因素对头部伤害的头部防护用品。

2）防御缺氧空气和空气污染物进入呼吸道的呼吸防护用品。

3）防御物理和化学危险、有害因素对眼面部伤害的眼面部防护用品。

4）防噪声危害及防水、防寒等的耳部防护用品。

5）防御物理、化学和生物危险、有害因素对手部伤害的手部防护用品。

6）防御物理和化学危险、有害因素对足部伤害的足部防护用品。

7）防御物理、化学和生物危险、有害因素对躯干伤害的躯干防护用品。

8）防御物理、化学和生物危险、有害因素损伤皮肤或引起皮肤疾病的护肤用品。

9）防止高处作业从业人员坠落或者高处落物伤害的坠落防护用品。

10）其他防御危险、有害因素的劳动防护用品。

6.2　劳动防护用品管理

依据《用人单位劳动防护用品管理规范》和其他法律、法规的规定，企业应当依法为从业人员提供劳动防护用品，采取保障从业人员安全与健康的辅助性、预防性措施，不得以劳动防护用品替代工程防护设施和其他技术、管理措施。

6.2.1　劳动防护用品管理要求

（1）企业应当健全管理制度，加强劳动防护用品配备、发放、使用等管理工作。

（2）企业应当安排专项经费用于配备劳动防护用品，不得以货币或者其他物品替代。该项经费计入生产成本，据实列支。

（3）企业应当为从业人员提供符合国家标准或者行业标准的劳动防护用品。使用进口的劳动防护用品，其防护性能不得低于我国相关标准。

（4）从业人员在作业过程中，应当按照规章制度和劳动防护用品使用规则，正确佩戴和使用劳动防护用品。

（5）企业使用的劳务派遣工、接纳的实习学生应当纳入本单位人员统一管理，并配备相应的劳动防护用品。对处于作业地点的其他外来人员，必须按照与进行作业的从业人员相同的标准，正确佩戴和使用劳动防护用品。

6.2.2　劳动防护用品的选用

（1）企业劳动防护用品选择程序和依据

企业应按照识别、评价、选择的程序，结合从业人员作业方式和工作条件，并考虑其个人特点及劳动强度，选择防护功能和效果适用的劳动防护用品。劳动防护用品选择程序如图6-1所示。

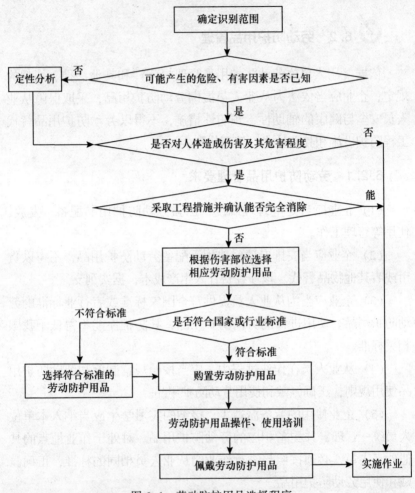

图6-1 劳动防护用品选择程序

1）接触粉尘、有毒有害物质的从业人员应当根据不同粉尘种类、粉尘浓度及游离二氧化硅含量和毒物的种类及浓度配备相应的呼吸器（详见表6-1）、防护服、防护手套和防护鞋等。具体可参照《呼吸防护 自吸过滤式防颗粒物呼吸器》（GB 2626—2019）、《呼吸防护用品的选择、使用与维护》（GB/T 18664—2002）、《防护服装 化学防护服的选择、使用和维护》（GB/T 24536—2009）、《手部防护 防护手套的选择、使用和维护指南》（GB/T 29512—2013）和《个体防护装备 足部防护鞋（靴）的选择、使用和维护指南》 （GB/T 28409—2012）等标准。

2）接触噪声的从业人员，当暴露于 80 dB ≤ $L_{EX,8h}$ <85 dB 的工作场所时，企业应当根据从业人员需求为其配备适用的护听器；当暴露于 $L_{EX,8h}$ ≥85 dB 的工作场所时，企业必须为从业人员配备适用的护听器，并指导从业人员正确佩戴和使用（详见表 6-1）。具体可参照《护听器的选择指南》（GB/T 23466—2009）。

表 6-1　　　　　　　　　呼吸器和护听器的选用

危害因素	分类	要求
颗粒物	一般粉尘，如煤尘、水泥尘、木粉尘、云母尘、滑石尘及其他粉尘	《呼吸防护 自吸过滤式防颗粒物呼吸器》（GB 2626—2019）规定的 KN90 级别的防颗粒物呼吸器的要求
	石棉	可更换式防颗粒物半面罩或全面罩，过滤效率至少满足《呼吸防护 自吸过滤式防颗粒物呼吸器》（GB 2626—2019）规定的 KN95 级别的防颗粒物呼吸器的要求
	矽尘、金属粉尘（如铅尘、镉尘）、砷尘、烟（如焊接烟、铸造烟）	过滤效率至少满足《呼吸防护 自吸过滤式防颗粒物呼吸器》（GB 2626—2019）规定的 KN95 级别的防颗粒物呼吸器的要求
	放射性颗粒物	过滤效率至少满足《呼吸防护 自吸过滤式防颗粒物呼吸器》（GB 2626—2019）规定的 KN100 级别的防颗粒物呼吸器的要求
	致癌性油性颗粒物（如焦炉烟、沥青烟等）	过滤效率至少满足《呼吸防护 自吸过滤式防颗粒物呼吸器》（GB 2626—2019）规定的 KP95 级别的防颗粒物呼吸器的要求

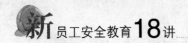

续表

危害因素	分类	要求
化学物质	窒息气体	隔绝式正压呼吸器
	无机气体、有机蒸气	防毒面具 面罩类型： 工作场所毒物浓度超标不大于10倍，使用送风或自吸过滤半面罩；工作场所毒物浓度超标不大于100倍，使用送风或自吸过滤全面罩；工作场所毒物浓度超标大于100倍，使用隔绝式或送风过滤式全面罩
	酸、碱性溶液、蒸气	防酸碱面罩、防酸碱手套、防酸碱服、防酸碱鞋
噪声	劳动者暴露于工作场所 $80\ dB \leqslant L_{EX,8h} < 85\ dB$ 的用人单位	用人单位应根据劳动者需求为其配备适用的护听器
	劳动者暴露于工作场所 $L_{EX,8h} \geqslant 85\ dB$ 的用人单位	用人单位应为劳动者配备适用的护听器，并指导劳动者正确佩戴和使用。劳动者暴露于工作场所 $L_{EX,8h}$ 为 $85\sim95\ dB$ 的应选护听器 SNR 为 $17\sim34\ dB$ 的耳塞或耳罩；劳动者暴露于工作场所 $L_{EX,8h} \geqslant$ $95\ dB$ 的应选用护听器 SNR $\geqslant 34\ dB$ 的耳塞、耳罩或者同时佩戴耳塞和耳罩，耳塞和耳罩组合使用时的声衰减值，可按二者中较高的声衰减值增加 $5\ dB$ 估算

3）工作场所中存在电离辐射危害的，经危害评价确认从业人员须佩戴劳动防护用品的，企业可参照电离辐射的相关标准及《个体防护装备配备基本要求》（GB/T 29510—2013）为从业人员配备劳动防护用品，并指导从业人员正确佩戴和使用。

4）从事存在物体坠落、碎屑飞溅、转动机械等作业的从业人员，企业还可参照《个体防护装备选用规范》（GB/T 11651—

2008)、《头部防护 安全帽选用规范》（GB/T 30041—2013）和《坠落防护装备安全使用规范》（GB/T 23468—2009）等标准，为从业人员配备适用的劳动防护用品。

（2）劳动防护用品选择的其他要求

1）同一工作地点存在不同种类的危险、有害因素时，应当为从业人员同时提供防御各类危害的劳动防护用品。需要同时配备的劳动防护用品，还应考虑其兼容性。

2）从业人员在不同地点工作，并接触不同种类的危险、有害因素，或接触不同危害程度的危险、有害因素时，为其选配的劳动防护用品应满足不同工作地点的防护需求。

3）劳动防护用品的选择还应当考虑其佩戴的合适性和基本舒适性，根据个人特点和需求选择适合型号、式样。

4）企业应当在可能发生急性职业损伤的有毒有害工作场所配备应急劳动防护用品，将其放置于现场临近位置并设置醒目标识。

5）企业应当为巡检等流动性作业的从业人员配备随身携带的个人应急防护用品。

6.2.3 劳动防护用品的采购、发放、培训及使用

（1）企业应当根据工作场所中存在的危险、有害因素种类及危害程度、劳动环境条件、劳动防护用品有效使用时间制定适合本单位的劳动防护用品配备标准，具体见表6-2。

（2）企业应当根据劳动防护用品配备标准制订采购计划，购买符合标准的合格产品。

（3）企业应当查验并保存劳动防护用品检验报告等质量证明文件的原件或复印件。

（4）企业应当按照本单位制定的配备标准发放劳动防护用品，并做好登记，具体见表6-3。

表6-2 用人单位劳动防护用品配备标准

岗位/工种	作业者数量	危险、有害因素种类	危险、有害因素浓度/强度	配备的劳动防护用品种类	劳动防护用品型号/级别	劳动防护用品发放周期	呼吸器过滤元件更换周期

表6-3 劳动防护用品发放登记表

单位/车间：

序号	岗位/工种	员工姓名	防护用品名称	型号	数量	领用人签字	备注

发放人： 日期： 年 月 日

（5）企业应当对从业人员进行劳动防护用品使用、维护等专业知识的培训。

（6）企业应当督促从业人员在使用劳动防护用品前，对劳动防护用品进行检查，确保外观完好、部件齐全、功能正常。

（7）企业应当定期对劳动防护用品的使用情况进行检查，确保从业人员正确使用。

6.2.4 劳动防护用品维护、更换及报废

（1）劳动防护用品应当按照要求妥善保存，及时更换，保证其在有效期内。公用的劳动防护用品应当由车间或班组统一保管，定期维护。

（2）企业应当对应急劳动防护用品进行经常性的维护、检修，定期检测劳动防护用品的性能和效果，保证其完好有效。

（3）企业应当按照劳动防护用品发放周期定期发放，对工作过程中损坏的，企业应及时更换。

（4）安全帽、呼吸器、绝缘手套等安全性能要求高、易损耗的劳动防护用品，应当遵守有效防护功能最低指标和有效使用期，到期强制报废。

6.3 安全标志、职业病危害警示标识

6.3.1 安全标志及其使用

（1）安全色

安全色是指用以传递安全信息含义的颜色，包括红、蓝、黄、绿4种颜色。

1）红色。用以传递禁止、停止、危险或者提示消防设备设施的信息，如禁止标志等。

2）蓝色。用以传递必须遵守的指令性信息，如指令标志等。

3）黄色。用以传递注意、警告的信息，如警告标志等。

4）绿色。用以传递安全的提示信息，如提示标志、车间内或工地内的安全通道等。

安全色普遍适用于公共场所、企业、交通运输、建筑、仓储以及消防等领域所使用的信号和标志的表面颜色，但是不适用于灯光

信号和航海、内河航运以及其他目的。

（2）对比色

对比色是指使安全色更加醒目的反衬色，包括黑、白2种颜色。

安全色与对比色同时使用时，应按规定搭配使用。安全色的对比色见表6-4。

表6-4 安全色的对比色

安全色	对比色
红色	白色
蓝色	白色
黄色	黑色
绿色	白色

对比色使用时，黑色用于安全标志的文字、图形符号和警告标志的几何图形；白色作为安全标志红、蓝、绿色的背景色，也可用于安全标志的文字和图形符号；红色和白色、黄色和黑色间隔条纹，是两种较醒目的标示；红色与白色交替，表示禁止越过，如道路及防护栏杆等；黄色与黑色交替，表示警告危险，如防护栏杆、吊车吊钩的滑轮架等。

（3）安全标志

安全标志是由安全色、几何图形和图形符号构成的，是用来表达特定安全信息的标记，分为禁止标志、警告标志、指令标志和提示标志4类。禁止标志的含义是禁止人们的不安全行为。警告标志的含义是提醒人们对周围环境引起注意，以避免可能发生的危险。指令标志的含义是强制人们必须做出某种动作或采取防范措施。提示标志的含义是向人们提供某种信息（如标明安全设施或场所等）。

（4）安全标志的使用与管理

《安全标志及其使用导则》（GB 2894—2008）等规定了安全色、基本安全图形和符号，以及安全标志的使用与管理规定，详细请参阅国家标准有关内容。烟花爆竹等一些行业根据《安全标志及其使用导则》的原则，还制定了有本行业特色的安全标志（图形或符号）。

6.3.2　职业病危害警示标识和告知卡管理

《职业病防治法》规定，产生职业病危害的用人单位，应当在醒目位置设置公告栏，公布有关职业病防治的规章制度、操作规程、职业病危害事故应急救治措施和工作场所职业病危害因素检测结果。对产生严重职业病危害的作业岗位，应当在其醒目位置设置警示标识和中文警示说明。警示说明应当载明职业病危害的种类、后果、预防以及应急救治措施等内容。

向用人单位提供可能产生职业病危害的设备的，应当提供中文说明书，并在设备的醒目位置设置警示标识和中文警示说明。警示说明应当载明设备性能、可能产生的职业病危害、安全操作和维护注意事项、职业病防护以及应急救治措施等内容。向用人单位提供可能产生职业病危害的化学品、放射性同位素和含有放射性物质的材料的，应当提供中文说明书。说明书应当载明产品特性、主要成分、存在的有害因素、可能产生的危害后果、安全使用注意事项、职业病防护以及应急救治措施等内容。产品包装应当有醒目的警示标识和中文警示说明。储存上述材料的场所应当在规定的部位设置危险物品标识或者放射性警示标识。

工作场所（地点）是从业人员接触职业病危害最直接、最频繁的地点。企业工作场所（地点）中存在粉尘、毒物、噪声、高温、电离辐射以及有毒有害物质等职业病危害。因此，企业应当按照《工作场所职业病危害警示标识》（GBZ 158—2003）和《高毒物品作业岗位职业病危害告知规范》（GBZ/T 203—2007），结合企业存在的职业病危害实际情况，在醒目位置设置职业病危害警示标识、中文警示说明和职业病危害告知卡。

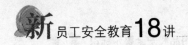

（1）职业病危害警示标识

职业病危害警示标识是指在工作场所中设置的可以提醒从业人员对职业病危害产生警觉并采取相应防护措施的图形标识、警示线、警示语句、文字说明以及组合使用的标识等。企业应在产生或存在职业病危害因素的工作场所、作业岗位、设备、材料（产品）包装、储存场所设置相应的警示标识。产生职业病危害因素的工作场所，应当在工作场所入口处及产生职业病危害作业岗位或设备附近的醒目位置设置警示标识。警示标识包括图形标识、警示语句、警示说明等。

1）图形标识。根据《工作场所职业病危害警示标识》规定，图形标识分为禁止标识、警告标识、指令标识、提示标识和警示线5种。

①禁止标识。禁止标识是禁止不安全行为的图形，如禁止入内、禁止停留和禁止启动标识。

②警告标识。警告标识是提醒注意周围环境，以避免可能发生危险的图形，如当心中毒、当心腐蚀、当心感染等标识。

③指令标识。指令标识是强制做出某种动作或采用防范措施的图形，如戴防护镜、戴防毒面具、戴防尘口罩等标识。

④提示标识。提示标识是提供相关安全信息的图形，如救援电话标识。

⑤警示线。警示线是界定和分隔危险区域的标识线，分为红色、黄色和绿色3种，见表6-5。按照实际需要，警示线可喷涂在地面或制成色带。

表6-5　　　　　　　　警示线名称及图形符号

编号	名称及图形符号	设置范围和地点
1	红色警示线	高毒物品作业场所、放射作业场所、紧邻事故危害源周边

编号	名称及图形符号	设置范围和地点
2	黄色警示线	一般有毒物品作业场所、紧邻事故危害区域的周边
3	绿色警示线	事故现场救援区域的周边

生产、使用有毒物品的工作场所应当设置黄色警示线。生产、使用高毒、剧毒物品的工作场所应当设置红色警示线。警示线应设在生产、使用有毒物品车间外缘不少于 30 cm 处，警示线宽度不少于 10 cm。

室外、野外放射工作场所，室外、野外放射性同位素及其储存场所应设置相应警示线；开放性放射工作场所监督区设置黄色警示线，控制区设置红色警示线。

2）警示语句。警示语句是一组表示禁止、警告、指令、提示或描述工作场所职业病危害的词语。警示语句可单独使用，也可与图形标识组合使用。基本警示语句见表 6-6。

表 6-6　　　　　　　　**基本警示语句**

编号	语句内容	编号	语句内容
1	禁止入内	9	注意防尘
2	禁止停留	10	注意高温
3	禁止启动	11	有毒气体
4	当心中毒	12	噪声有害
5	当心腐蚀	13	戴防护镜
6	当心感染	14	戴防毒面具
7	当心弧光	15	戴防尘口罩
8	当心辐射	16	戴护耳器

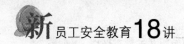

续表

编号	语句内容	编号	语句内容
17	戴防护手套	37	遇湿分解放出有毒气体
18	穿防护鞋	38	当心有毒气体
19	穿防护服	39	接触可引起伤害
20	注意通风	40	皮肤接触可对健康产生危害
21	左行紧急出口	41	对健康有害
22	右行紧急出口	42	接触可引起伤害和死亡
23	直行紧急出口	43	麻醉作用
24	急救站	44	当心眼损伤
25	救援电话	45	当心灼伤
26	刺激眼睛	46	强氧化性
27	遇湿具有刺激性	47	当心中暑
28	刺激性	48	佩戴呼吸防护器
29	刺激皮肤	49	戴防护面具
30	腐蚀性	50	戴防溅面具
31	遇湿具有腐蚀性	51	佩戴射线防护用品
32	窒息性	52	未经许可，不许入内
33	剧毒	53	不得靠近
34	高毒	54	不得越过此线
35	有毒	55	泄险区
36	有毒有害	56	不得触摸

3）警示说明。使用可能产生职业病危害的化学品、放射性同位素和含有放射性物质的材料的，必须在使用岗位设置醒目的警示标识和中文警示说明，警示说明应当载明产品特性、主要成分、存在的有害因素、可能产生的危害后果、安全使用注意事项、职业病防护以及应急救治措施等内容。

使用可能产生职业病危害的设备的，除设置警示标识外，还应当在设备醒目位置设置中文警示说明。警示说明应当载明设备性能、可能产生的职业病危害、安全操作和维护注意事项、职业病防护以及应急救治措施等内容。

为用人单位提供可能产生职业病危害的设备或可能产生职业病危害的化学品、放射性同位素和含有放射性物质的材料的，应当依法在设备或者材料的包装上设置警示标识和中文警示说明。以甲醛为例，其职业危害中文警示说明见表6-7。

表6-7　　　　　　　甲醛职业危害中文警示说明

甲醛
分子式：HCHO 分子量 30.03

理化特性	常温为无色、有刺激性气味的气体，沸点：-19.5 ℃，能溶于水、醇、醚，水溶液称福尔马林，杀菌能力极强。15 ℃以下易聚合，置空气中氧化为甲酸
可能产生的危害后果	低浓度甲醛蒸气对眼、上呼吸道黏膜有强烈刺激作用，高浓度甲醛蒸气对中枢神经系统有毒性作用，可引起中毒性肺水肿。主要症状：眼痛流泪、喉痒及胸闷、咳嗽、呼吸困难、口腔糜烂、上腹痛、吐血、眩晕、恐慌不安、步态不稳，甚至昏迷。皮肤接触可引起皮炎、红斑、丘疹、瘙痒、组织坏死等
职业病危害防护措施	①使用甲醛设备应密闭，不能密闭的应加强通风排毒 ②注意个人防护，穿戴劳动防护用品 ③严格遵守安全操作规程应急救治
应急救治措施	①撤离现场，移至新鲜空气处，吸氧 ②皮肤黏膜损伤，立即用2%的碳酸氢钠（$NaHCO_3$）溶液或大量清水冲洗 ③立即与医疗急救单位联系抢救

（2）职业病危害告知卡

对产生严重职业病危害的作业岗位，除设置警示标识外，还应当按照《高毒物品作业岗位职业病危害告知规范》（GBZ/T 203—2007）的规定，在其醒目位置设置职业病危害告知卡（以下简称告知卡）。告知卡应当标明职业病危害因素名称、理化特性、健康危害、接触限值、防护措施、应急处理及急救电话、职业病危害因素检测结果及检测时间等。符合以下条件之一，即为产生严重职业病危害的作业岗位：

1）存在矽尘或石棉粉尘的作业岗位。

2）存在致癌、致畸等有害物质或者可能导致急性职业性中毒的作业岗位。

3）放射性危害作业岗位。

根据《高毒物品目录》的规定，存在《高毒物品目录》中化学毒物的工作场所也应当在醒目位置设置职业病危害告知卡。以苯为例，其职业病危害告知卡见表6-8。

表6-8　　　　　　　　　　苯职业病危害告知卡

有毒物品，对人体有害，请注意防护		
	健康危害	理化特性
苯 Benzene	可吸入、经口和皮肤进入人体，大剂量会致人死亡，高浓度会引起嗜睡、眩晕、头痛、心跳加快、震颤、意识障碍和昏迷等，经口还会引起恶心、肠刺激等；长期接触会引起贫血、易出血、易感染，严重时会引起白血病和造血器官癌症	不溶于水；遇热、明火易燃烧、爆炸
当心中毒	应急处理	
	急性中毒立即脱离现场至空气新鲜处，脱去污染的衣物，用肥皂水或清水冲洗污染的皮肤 立即与医疗急救单位联系	
	注意防护	
急救电话：120	职业卫生咨询电话：	

（3）公告栏与职业病危害警示标识的设置与管理

1）公告栏、中文警示说明、警示标识和告知卡设置场所。公告栏和职业病危害警示标识的主要作用是使从业人员对职业病危害因素产生警觉，并自觉采取相应防护措施。企业职业卫生管理人员应熟悉掌握企业常见的职业病危害、相应的职业病危害警示标识及应如何设置警示标识。

①公告栏应设置在企业办公区域、工作场所入口处等方便从业人员观看的醒目位置。

②告知卡应设置在产生或存在严重职业病危害的作业岗位附近的醒目位置。

③企业多处场所都涉及同一职业病危害因素的，应在各工作场所入口处均设置相应的警示标识。

④工作场所内存在多个产生相同职业病危害因素的作业岗位的，临近的作业岗位可以共用警示标识、中文警示说明和告知卡。

⑤多个警示标识在一起设置时，应按禁止、警告、指令、提示类型的顺序，先左后右、先上后下排列。

⑥可能产生职业病危害的设备及化学品、放射性同位素和含放射性物质的材料（产品）包装上，可直接粘贴、印刷或者喷涂警示标识。

此外，公告栏和职业病危害警示标识设置的位置应具有良好的照明条件，不应设置在门窗上或可移动的物体上，且其前面不得放置妨碍认读的障碍物。

若工作场所出现了新的职业病危害因素，应判断是否需要增加新的警示标识。当国家或地方制定的工作场所职业病危害告知和警示规定发生变化时，应按照新的标准和要求设置警示标识。工作场所职业病危害告知和警示标识内容应列入企业职业卫生培训范围，职业卫生管理人员、从业人员均应了解和掌握相关内容，理解警示标识的含义和应对措施。

2）公告栏、告知卡和警示标识制作规格。公告栏和告知卡制作时应使用坚固材料，尺寸大小和内容应满足需要，内容通俗易懂、字迹清楚、颜色醒目，设置的高度应适合从业人员阅读。警示标识（不包括警示线）制作应选用坚固耐用、不易变形变质、阻燃的材料。有触电危险的工作场所则应使用绝缘材料。

警示标识的规格要求等按照《工作场所职业病危害警示标识》（GBZ 158—2003）执行，避免设置无效的警示标识。

3）公告栏与警示标识的维护与更换。公告栏和警示标识由于环境或人为影响会发生破损，公告栏内容和警示标识也会因相关工艺或国家标准变动需要及时更新，因此，职业卫生管理人员需要定期对其进行检查和更换，使从业人员掌握最新、最准确的职业病危害相关知识。

公告栏中公告内容发生变动后应及时更新，职业病危害因素检测结果应在收到检测报告之日起7日内更新。生产工艺发生变更时，应在工艺变更完成后7日内补充完善相应的公告内容与警示标识。

告知卡和警示标识应至少每半年检查一次，发现有破损、变形、变色、图形符号脱落等影响使用的问题时，应及时修整或更换。

企业应按照《国家安全监管总局办公厅关于印发职业卫生档案管理规范的通知》的要求，完善职业病危害告知与警示标识档案材料，并将其存放于本单位的职业卫生档案。

第 7 讲

生产安全事故概述

7.1 事故相关基本概念

事故是指在人们的生产生活中，突然发生的、违背人们意愿的，迫使活动暂时或者永久停止，可能造成人员伤亡、财产损失或者环境污染的意外事件。生产安全事故是指生产经营活动（包括与生产经营有关的活动）过程中，突然发生的伤害从业人员人身安全和健康或者损坏设备、设施造成经济损失，导致原活动暂时或永久停止的意外事件。国务院令第 493 号《生产安全事故报告和调查处理条例》中，将"生产安全事故"定义为：生产经营活动中发生的造成人身伤亡或直接经济损失的事件。

事故是一种发生在生产生活中的特殊事件，并且随时都有可能发生。因此，人们若想把活动按照自己的意图进行下去，就必须认识事故，努力采取措施来预防事故的发生。

7.2 事故的特征

了解事故具有哪些特征，对于我们认识事故、预防事故具有重要指导意义。

7.2.1 事故的系统性

事故是在系统运行过程中发生的。每个系统都有一定的功能，当系统发生事故时，通常会使系统的运行中断或其功能受到影响。例如，钉钉子的工人不小心把钉子锤打在自己的手上，会暂停钉钉子工作，造成手部受伤；2002 年某航空公司"4·15"空难和某航空公司"5·7"空难，机毁人亡，造成这两家航空公司的整个飞行系统阶段性中断；某变电站出现故障，会引发停电事故，造成一定范围内的工业生产停止；2008 年 2 月下旬，我国南方出现的大范围雪灾，造成一定范围内的电力、通信系统中断。

7.2.2 事故的意外性

事故是意外的突发事件，属于随机事件。虽然随机事件很难预测，但它也有规律可循，通常遵循"大数定律"。通过大量事故数据统计分析，可以得出很多有参考价值的规律性结论，如三角形规律、设备故障的浴盆曲线、事故的多发时间、事故的多发作业等。

7.2.3 事故的动态性

事故是一个动态过程，有萌发阶段、发展阶段、突发阶段 3 个阶段。在事故的萌发阶段，往往会出现许多征兆，如果此时能被仪表显示或为人所感知，就有可能将其控制住。所以，萌发阶段是预防和消除事故的最关键时期。然而，有 30% ~40% 的事故是由于在萌发阶段没有被发现（没有被显示或感知）而导致的。当然，事故的发展阶段也不失为防止其继续恶化的重要时机，如果能及时采取措施，也能够将其消除。

7.2.4 事故的必然性

事故发生的根本原因是系统内潜在的各种不安全因素，因此只要存在不安全因素，且未予消除或控制，该系统就迟早会发生事故。

不安全因素包括：硬件的缺陷（如没有被发现的设计缺陷、材质缺陷、老化、磨损等），操作规程的缺陷，以及常常被忽视而又十分重要的操作人员的知识、技能、安全素养方面的缺陷。上述种种不安全因素在特定条件下，就会导致事故，这体现了事故的必然性。

7.2.5 事故的规律性

（1）事故多发时间

1）节假日及其前后。在节假日及其前后，生产作业人员思维干扰因素多，工作时注意力容易分散。

2）交接班前后。交接班前后的一个邻近时间段属于"注意力低谷"。交班者注意力放松，接班者还未完全进入"角色"。有时为了赶在下班前完成某项任务，交班者会草草收尾，因而遗漏某个操作或有意违规，结果导致事故的发生。在交接班前后，不但容易出现事故，而且一旦发生事故，由于不易做到指挥统一、协调一致，还可能使事故扩大。

3）4—6时。例如，核电厂异常事件（包括事故）按时间分布的统计结果表明：异常事件的发生率在4—6时出现峰值。这是因为，通常人在凌晨是最易犯困的时候，注意力较难集中。

（2）事故多发季节

例如，触电事故多发生在夏季；雷击事故多发生在春夏之交雷雨季节；火灾事故多发生在秋冬季节。

（3）事故多发作业

1）高处作业。例如，高层建筑、架桥、大型设备吊装作业等。

2）地下作业。例如，煤矿井下、地下隧道作业等。

3）带电作业。例如，常因违规操作而触电造成伤亡。

4）高速转动作业。例如，高速车床作业。

5）有污染的作业。例如，在高噪声或有毒物质、有放射性物质的环境下作业。

6）交通事故。例如，在交叉路口、陡坡、急转弯、闹市区行车，雾天行车或飞机航行。

7）复杂操作。例如，飞机起飞、着陆。

8）单调的监控作业。随着工业自动化程度日益提高，许多手工操作能由机器完成，人们只是起监控作用。在绝大多数情况下，机器是正常运行的，人的工作负荷很小，但又不能离开作业区域或去做其他的事情，此时非常容易产生心理疲劳，会对突然发生的异常工况失去感知能力而导致事故。

🎯 7.3 事故等级及分类

7.3.1 事故等级划分

根据生产安全事故造成的人员伤亡或者直接经济损失，事故一般分为以下等级：

（1）特别重大事故。是指造成30人以上（"以上"包括本数，"以下"不包括本数，下同）死亡，或者100人以上重伤（包括急性工业中毒，下同），或者1亿元以上直接经济损失的事故。

（2）重大事故。是指造成10人以上30人以下死亡，或者50人以上100人以下重伤，或者5 000万元以上1亿元以下直接经济损失的事故。

（3）较大事故。是指造成3人以上10人以下死亡，或者10人以上50人以下重伤，或者1 000万元以上5 000万元以下直接经济损失的事故。

（4）一般事故。是指造成3人以下死亡，或者10人以下重伤，或者1 000万元以下直接经济损失的事故。

7.3.2 事故分类

为了评价企业安全状况，研究发生事故的原因和有关规律，在对伤亡事故进行调查取证的过程中，需要对事故进行科学的分类。

（1）按对人员造成的伤害程度分类

1）人身险肇事故，是指险些造成重伤、死亡或多人伤亡的事故，下列情况包括在内：

①非生产区域、非生产性质的险肇事故。

②虽生产中断或设备损害，但不至于造成人身伤亡的事故。

③一般违章行为。

2）轻伤，是指职工受伤后歇工满一个工作日以上，但未达到重伤程度的伤害。

3）重伤。凡有下列情况之一者均列为重伤：

①经医生诊断为残疾或可能成为残疾者。

②伤势严重，需要进行较大手术才有可能康复的。

③人体部位严重烧伤、烫伤，或虽非要害部位，但烧伤部位占身体表面积三分之一以上的。

④严重骨折、脑震荡的。

⑤眼部受伤较重，有失明可能的。

⑥手部伤害，拇指被轧断一节的；其他四指中任何一指被轧断两节或任何两指都被轧断一节的；局部肌肉受伤严重，引起功能性障碍，有不能自由伸屈的残疾可能的。

⑦脚部伤害，脚趾被轧断三节以上；局部肌肉受伤甚重，引起功能性障碍，有不能行走自如的残疾可能的。

⑧内脏伤害，指内脏出血或伤及腹膜等。

⑨不在上述范围内的伤害，经医生诊断后，认为受伤较重，可参照上述各点由企业提出初步意见，报当地安全生产监督管理机构审查确定。

4）死亡或永久性全部丧失劳动能力。造成死亡或永久性全部丧失劳动能力的每起事故相当于损失 7 500 个工作日。假定死亡或永久性全部丧失劳动能力者的平均年龄为 33 岁，死亡或伤残后会丧失 25 年的劳动时间，每年劳动 300 天，因此损失 7 500 个工作日。

（2）按致伤原因分类

《企业职工伤亡事故分类》（GB 6441—1986）按职工受伤的原因，将事故分为 20 类：

1）物体打击。

2）车辆伤害。

3）机械伤害。

4）起重伤害。

5）触电。

6）淹溺。

7）灼烫。

8）火灾。

9）高处坠落。

10）坍塌。

11）冒顶片帮。

12）透水。

13）放炮。

14）火药爆炸。

15）瓦斯爆炸。

16）锅炉爆炸。

17）容器爆炸。

18）其他爆炸。

19）中毒和窒息。

20）其他伤害。

（3）按管理因素分类

1）设备、工具、附件有缺陷。

2）防护、安全联锁、信号等装备缺失或有缺陷。

3）劳动防护用品缺失或有缺陷。

4）作业场所光线不足或通风情况不良。

5）没有操作规程或安全管理制度不健全。

6）劳动组织不合理。

7）对现场工作缺乏指导或指导有错误。

8）设计有缺陷。

9）不懂操作技术。

10）违章指挥、违规操作、违反劳动纪律（"三违"）。

11）其他。

事故分类的方法和管理取决于对伤亡事故进行统计的目的和范围。上级管理部门为综合掌握伤亡事故的情况，对事故类别的划分可以相对较宏观；一个部门或一个企业为追究事故的根源和探索整改方案，事故类别的划分可以详细一些。样本数一定的情况下，分类越细，数据越分散。为了保证在较细分类的情况下数据不至于过于分散，就需要扩大统计范围，如将歇工不足一个工作日的伤害事故或非伤害事故也统计在内。

第 **8** 讲

作业现场典型事故伤害

🎯 8.1　机械设备危险因素与常见事故伤害

8.1.1　机械设备危险因素

机械设备是各行业机械加工的基础设备，主要有金属切削机床、锻压机械、冲剪压机械、起重机械、铸造机械、木工机械等。

机械设备在规定的使用条件下执行其功能的过程中，以及在运输、安装、调整、维修、拆卸和处理时，无论处于哪个阶段、状态，都存在着危险与有害因素，有可能对操作人员造成伤害。

(1) 正常工作状态存在的危险

机械设备在完成预定功能的正常工作状态下，存在着不可避免的但却是执行预定功能所必须具备的运动要素，并可能产生危害后果。如零部件的相对运动、刀具的旋转、机械运转的噪声和振动等，使机械设备在正常工作状态下存在碰撞、切割、作业环境恶化等对操作人员安全健康不利的危险因素。

(2) 非正常工作状态存在的危险

非正常状态是指在机械设备运转过程中，由于各种原因引起的意外状态，包括故障状态和检修、保养状态。设备的故障不仅可能造成机械局部或整机的停转，还可能对操作人员构成危险，如运转中的砂轮片破损会导致碎片飞出对人体造成打击事故；电气开关故障会产生机械设备不能停机的危险。机械设备的检修、保养一般都是在停机状态下进行的，由于工作需要往往迫使检修、保养人员采用一些特殊的做法，如登高、进入狭小或几乎密闭的空间将安全装置拆除等，使检维、保养过程容易出现正常操作不存在的危险。

8.1.2 机械设备常见事故伤害

机械设备常见事故伤害主要包括两大类，一类是机械性伤害，一类是非机械性伤害。

（1）机械性伤害

机械性伤害主要包括挤压、碾压、剪切、切割、碰撞或跌落、缠绕或卷入、戳扎、摩擦或磨损、物体打击、高压流体喷射等造成的伤害。

（2）非机械性伤害

非机械性伤害主要包括：电流、高温、高压、噪声、振动、电磁辐射等产生的伤害；因加工、使用各种危险材料和物质（如易燃易爆物质、毒物、腐蚀品、粉尘及微生物、细菌、病毒等）产生的伤害；因忽略安全人机学原理而产生的伤害等。

8.1.3 金属切削机床的危害因素和事故伤害

金属切削机床（简称"机床"）是指用切削的方法将金属毛坯加工成一定的几何形状、尺寸精度和表面质量的机器零件的机器。在机床上装卡被加工工件和切削刀具，带动工件和刀具进行相对运动，在相对运动中，刀具从工件表面切去多余的金属层，使工件成为符合预定技术要求的机器零件。按机床的工作原理，《金属切削机床型号编制方法》（GB/T 15375—2008）将其分为车床、钻床、镗床、磨床、齿轮加工机床、螺纹加工机床、铣床、刨插床、拉床、锯床和其他机床共11类。

（1）金属切削机床的主要危险因素

金属切削加工是用刀具从金属材料上切除多余的金属层，其工作过程实际就是切屑形成的过程。切屑可能对操作人员造成伤害，或对工件造成损坏，如崩碎的切屑可能迸溅伤人；带状切屑会连绵不断地缠绕在工件上，损坏其中已加工的表面。

金属切削主要的危险因素有：机械传动部件外露时，无可靠有效的防护装置；机床执行部件如装夹工具或卡具脱落、松动；机床本体的旋转部件有凸出的销、楔、键；加工超长工件时伸出机床尾端的部分；工件、卡具、刀具放置不当；机床的电气部件设置不规范或出现故障等。

（2）金属切削加工常见机械伤害

金属切削加工常见的机械伤害有：

1）挤压。如压力机的冲头下落时，对手部造成挤压伤害；人手也可能在螺旋输送机、塑料注射成型机中受到挤压伤害。

2）咬入（咬合）。典型的咬入点是啮合的齿轮、传送带与带轮、链与链轮、两个相反方向转动的轧辊。

3）碰撞和撞击。典型例子是人受到运动着的机床部件的碰撞；另一种是飞来物撞击造成的伤害。

4）剪切。这种事故常发生在剪板机、切纸机上。

5）卡住或缠住。运动部件上的凸出物、皮带接头、车床的转轴、加工件等都能将人的手套、衣袖、头发、辫子甚至工作服口袋中擦拭机械用的棉纱缠住而使人造成严重伤害。

值得引起注意的是，一种机械可能同时存在几种危险，即可同时造成几种形式的伤害。

（3）操作机械发生事故的原因

在一般情况下，操作机械而发生事故的原因如下：

1）机械设备安全设施缺损。如机械传动部位无防护罩等。造成这种情况，可能是无专人负责机械设备的保养，也可能是无定期检修、保养制度。

2）生产过程中防护不周到。如车床加工较长的棒料时，未用托架。

3）设备位置布置不当，如设备布置得太挤，造成通道狭窄，原材料乱堆乱放，阻塞通道。

4）未正确使用劳动防护用品。

5）没有严格执行安全操作规程，或者安全操作规程不全面、不完整。

6）没有对作业人员进行安全教育，作业人员缺乏安全基本知识。

要杜绝这些事故隐患，光靠安全管理是不够的，还必须要求操作人员掌握一定的安全技术知识。

（4）金属切削机械的安全技术要求

进行金属切削的机械设备很多，如车床、刨插床、铣床、镗床等，它们一般都具有操纵机构、传动机构、保险装置、照明装置等部位，这些部位都有明确的安全技术要求，如不符合安全技术要求应立即整改。

1）操纵机械的安全技术要求。金属切削机床的操纵盘、开关、手柄等应装在适当的位置，以便于操作。变速箱、换向系统应有明显挡位和标志牌；开关、按钮应用不同的颜色，如停车用红色，开车用绿色，倒车用黑色；须装有性能良好的制动装置。

2）保险装置的安全技术要求。保险装置是指突然发生险情时，能自动消除危险因素的安全装置。如机床超负荷时，能自动断开机床传动部分的离合器；当作业人员操作时身体或手进入危险部位时，光电自动保护装置自动切断电源，停止机床运转等。在使用机床时，应先检查这些装置的性能是否良好。

3）传动装置的安全技术要求。机床传动部位的防护装置，目前在我国定型的新机床的设计与制造中，都已作为机床的一个整体产品出厂。但一些企业在设备安装过程中，尤其是设备经过修理之后，往往将安全防护装置弃之不用。有些企业自制"土设备"不安装防护装置，造成齿轮、皮带、传动轴等外露伤人。为此，有些企业总结出"有轮必有罩，有轴必有套"的安全生产经验，严格按安全操作规程办，严禁使用安全防护装置缺损的机床设备。

4）照明装置的安全技术要求。照明装置在机床操作中似乎可有可无，其实不然。如果照明不够，操作人员就会弯腰将脸凑近加工件才能观察清楚，这就容易造成工件、刀具在切削时将操作人员面部划伤。因此，机床上必须安装电压为 36 V 以下的局部照明灯。

5）金属切屑时的防护。机床在高速切削时所形成的金属屑很锋利，经常伤害操作者的眼睛和身体裸露部位；带状切屑有时缠在工件、刀具、手柄等部位，操作人员在清理时往往发生工伤事故。要消除这类事故隐患，可根据不同情况采用不同的方法。目前使用较多的有不重磨硬质合金钢刀片机械夹固法。对于飞溅金属碎屑，除了操作者操作时必须戴好防护镜外，还需安装防护罩，防止金属切屑飞溅。

6）正确使用劳动防护用品。机床在运行时，操作人员不准戴手套操作；女工必须将长发罩入工作帽内；必须戴好防护眼镜；工作服的纽扣要扣上，下摆要紧，要扎牢袖口或戴好袖套。

8.1.4　机械加工的职业病危害因素

机械加工是利用各种机床对金属零件进行车、刨、钻、磨、铣等冷加工。在机械制造过程中，通常是通过铸、锻、焊、冲压等方法制造成金属零件的毛坯，然后再通过切削加工制成合格零件，最后装配成机器。

（1）一般机械加工

一般机械加工在生产过程中存在的职业病危害因素相对较少，主要是金属切削中使用的乳化液和切削液对从业人员健康的影响。通常所用的乳化液是由矿物油、萘酸或油酸及碱（苛性钠）等所组成的乳剂，因机床高速运转，乳化液四溅，易污染皮肤，可引起毛囊炎等皮肤病。

（2）粗磨和精磨

机械加工的粗磨和精磨过程中，会产生大量金属和矿物性粉尘。人造磨石多以金刚砂（三氧化二铝晶体）为主，其中二氧化硅含量较少，而天然磨石含有大量游离二氧化硅，故可能造成操作人员患铝尘肺和矽肺。

（3）特种机械加工

特种机械加工的职业病危害因素与加工工艺有关。如电火花加工存在金属烟尘；激光加工存在高温和紫外线辐射；电子束加工存在射线和金属烟尘；离子束加工存在金属烟尘、紫外线辐射和高频电磁辐射，如果使用钨电极，还有电离辐射危害。电解加工、液体喷射加工和超声波加工相对危害较小。此外，设备运转产生的噪声与振动也可引起操作人员患职业病。

🎯 8.2　建筑施工特点与常见事故伤害

8.2.1　建筑施工的特点

建筑施工（包括市政施工）属于事故发生率较高的行业，每年的事故死亡人数仅次于煤炭开采与交通运输行业。目前，农民工已经成为建筑施工领域的主力军，因此也是各类意外伤害事故的主要受害群体。根据事故统计，在建筑施工伤亡人员中农民工约占60%，并且呈现不断上升的趋势，这给许多农民工家庭带来了难以弥补的伤痛和损失。建筑业之所以成为高危险行业，主要与建筑施工的特点有关。

建筑施工主要有以下几个特点：

（1）建筑产品的多样性

由于各种建筑物或构筑物都有特定的使用功能，因而建筑产品的种类繁多。不同的建筑物建造不仅需要制定一套适应于生产对象的工艺方案，而且还需要针对工程特点编制切实可行并行之有效的施工安全技术措施，才可能确保施工顺利进行和安全生产。

（2）建筑施工的流动性

虽然建筑产品都必须固定在一定的地点，但是建筑施工却具有流动性，主要表现在三个方面：一是各工种的作业人员在某建筑物的部位上流动；二是作业人员在一个工地范围内的各栋建筑物上流动；三是建筑施工队伍在不同地区、不同工地间流动。这些都给安全生产带来了许多可变因素，稍有不慎，就会导致伤亡事故的发生。

（3）建筑施工的综合性

建筑物的建造是多工种在不同空间、不同时间劳动并相互协调配合的过程，同一时间的垂直交叉作业也不可避免，由于隔离防护措施不当，容易造成伤亡事故。各工种间的交叉作业由于安排不当，也可能导致伤亡事故的发生。

（4）作业条件的多变性

建筑施工大多是露天作业，日晒雨淋、严寒酷暑以及大风影响等形成的恶劣自然环境，不仅影响施工人员的健康，还易诱发安全事故。此外，建筑施工高处作业多，据统计约占总工程量的90%左右，而且随着各类高楼大厦的兴起，高处作业的等级越来越高。建筑施工伤亡事故中，近60%与高处作业有关，加上不少作业是在未完成安装的结构上或搭设的临时设施（如脚手架等）上进行，使得高处作业的危险程度严重加剧。

（5）作业人员劳动强度的繁重性

建筑施工中不少工种仍以手工操作为主，加上组织管理不善，无限制地加班加点，作业人员在高强度劳动和超长时间作业过程中，体力消耗过大，容易造成过度疲劳，由此引起的注意力不集中，或作业中的力不从心等状态易导致事故的发生。

（6）施工现场设施的临时性

随着经济社会发展，建筑物体量和高度不断增加，工程的施工周期也随之延长，一年以上工期的工程比比皆是。为了保障工程建造正常和顺利地进行，施工中必须使用各种临时设施，如临时建筑、临时供电系统以及现场安全防护设施，这些临时设施经过长时间的风吹、日晒、雨淋、冰冻和种种人为因素，其安全可靠性往往明显降低。特别是由于这些设施的临时性，容易导致施工管理人员忽视这些设施的质量，因而事故隐患和防护漏洞时有出现。

8.2.2 建筑施工中常见事故伤害

建筑施工中常见伤亡事故的类别包括：物体打击、车辆伤害、机械伤害、起重伤害、触电、高处坠落、坍塌、中毒和窒息、火灾和爆炸以及其他伤害。

根据历年来伤亡事故统计分类，建筑施工中最主要、最常见、死亡人数最多的事故有五类，即高处坠落、触电、物体打击、机械伤害、坍塌事故。这五类事故占事故总数的86%左右，被人们称为建筑施工五大类伤亡事故。其中，机械伤害涉及电气设备、电气焊切割、施工机械、起重机械等造成的伤害。

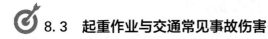

8.3 起重作业与交通常见事故伤害

8.3.1 起重作业伤害事故的原因

（1）起重司索工未严格遵守起重作业安全规程，违章作业、冒险作业。

（2）安全装置不完善，行车机械、电气故障频繁。

（3）起重机操作工（也称为司机）操作技能欠佳，责任心不强，精力不集中。

（4）指挥信号不标准，上下配合不协调。

（5）工作前未对设备及吊具进行安全检查。

（6）料场库存量严重超量，堆码不齐，堆码超高。

（7）包装不牢固。

除此之外，还有误操作事故、起重机之间的相互碰撞事故、安全装置失效事故以及野蛮操作等原因导致的事故。

8.3.2　起重作业常见事故伤害类型

（1）吊重、吊具等重物从空中坠落所造成的人身伤亡和设备毁坏的事故。

（2）作业人员被挤压在两个物体之间所造成的挤伤、压伤、击伤等人身伤害事故。

（3）从事起重机检修、维护的作业人员不慎从机体摔下或被正在运转的起重机机体撞击，摔落至地面的坠落事故。

（4）从事起重机械操作人员或检修、维护人员因触电而造成的电击伤亡事故。

（5）起重机机体因失去整体稳定性而发生倾翻事故，造成起重机机体严重损坏以及人员伤亡的事故。

8.3.3　交通事故伤害的类型

交通事故的发生过程及其造成人员损伤的类型非常复杂，危重伤发生率高、死亡率高，同时车祸发生的地理环境、气象条件、受伤人数等客观因素给现场评估和现场救护带来很多困难。因此，了解交通事故伤害的类型与特点，对现场伤员开展急救，降低人员伤亡起着至关重要的作用。

交通事故伤害的主要类型有：

（1）撞击伤

由于车辆或其他钝性物体与人体相撞导致的损伤，多为钝性损伤和闭合性损伤。

（2）跌落伤

因交通事故导致人体从高处坠落造成的损伤，可造成多处骨折和脊椎骨损伤。

（3）碾压伤

由于车轮碾压、挤压人体造成的伤害，轻者有软组织损伤，重者则可导致严重的组织撕脱、骨折、肢体离断等损伤。

（4）切割、刺入伤

在交通事故中，锐利的物体会对人体组织因切割或刺入造成损伤，可能造成内脏、血管、神经的直接损伤。

（5）挤压伤

人体肌肉丰富的部位，在受到重物挤压一段时间后，会造成筋膜间隙内肌肉缺血、变性、坏死，组织间隙出血、水肿，筋膜腔内压力升高，导致以肌肉坏死为主的软组织损伤。

（6）挥鞭伤

这类伤害是指车内人员在撞车或者紧急刹车时，因颈部过度后伸或过度前屈而产生的损伤，易造成脊椎骨的脱位尤其是颈椎骨和脊髓的损伤。

（7）烧伤

在交通事故中，由于热、电、化学等因素对人体会造成烧伤。车辆燃烧产生的有毒烟雾还可造成人员中毒。

（8）爆炸伤

车辆因起火爆炸会引发对人体的损伤，主要是冲击波和继发投射物造成的损伤。

（9）溺水

车辆翻坠至河里、池塘、湖里时，车内人员落水易造成溺水。

8.3.4　交通事故伤害的特点

交通事故伤害一般涉及人体的各部位，易发生大出血、窒息、休克等危及生命的严重状态。由于受力大、受伤突然，伤情变化快，早期易出现休克、昏迷等危重症状。

首先骨折是交通事故伤害中最常见的损伤，特点是：各个部位骨折均可发生；可同时发生多处骨折；易发生颈椎、腰椎、胸椎骨折。其次一些人体的重要部位也易受到伤害，如颅脑外伤、胸腹部外伤、腹部脏器伤等。另外，还容易发生人体的穿通伤、致命伤、严重的皮肤擦伤、软组织挫裂伤、肢体毁损伤、离断伤、烧伤。

8.4 化工生产及其事故的特点

8.4.1 化工生产的特点

化工企业运用化学方法从事产品的生产，生产过程中的原材料、中间产品和成品大多数都具有易燃易爆的特性，且对人体存在着不同程度的危害。化工生产与其他行业生产还有所不同，具有高温、高压、毒害性、腐蚀性、生产连续性等特点，比较容易发生泄漏、火灾、爆炸等事故，而且事故一旦发生，比其他生产行业事故具有更大的危险性，常常造成群死群伤的严重事故。

化工企业在生产经营以及储存、运输、使用等环节，由于自身的特性所决定，具有以下四个方面的特点：

（1）生产原材料具有特殊性

化工生产使用的原材料和燃料种类繁多，并且绝大部分是易燃、易爆、有毒有害、有腐蚀性的危险化学品，这不仅在生产过程中对这些原材料、燃料，而且对中间产品和成品的使用、储存和运输都提出了较高的要求。

（2）生产过程具有危险性

在化工生产过程中，所要求的工艺条件严格甚至苛刻，有些化学反应需要在高温、高压条件下进行，有的需要在低温、高真空度条件下进行。在化工生产过程中稍有不慎，就容易发生有毒有害气体泄漏、爆炸、火灾等事故，酿成巨大的灾难。

（3）生产设备、设施具有复杂性

化工企业的一个显著特点，就是各种各样的管道纵横交错，大大小小的压力容器遍布全厂，各类化学物质需要经过各种装置、设备的化合、聚合、高温、高压等程序，生产过程复杂，生产设备、设施也复杂。大量设备、设施的应用，虽然减轻了操作人员劳动强度，提高了生产效率，但是一旦失控，就会产生各种事故。

（4）生产方式具有严密性

目前的化工生产方式，已经从过去落后的坛坛罐罐的手工操作、间断生产，转变为高度自动化、连续化生产；生产设备由敞开式变为密闭式；生产装置从室内走向露天；生产操作由分散控制变为集中控制。同时，生产过程由人工手动操作变为仪表远程操作，进而发展为计算机控制，从而进一步要求严格周密。

8.4.2 化工生产事故的特点

化工生产事故具有以下突出特点：一是化学物质大量意外排放或泄漏造成的事故，导致人员的伤亡极其惨重，损失巨大。二是化工生产事故不仅有化学性损害且具有损害多样性，即事故不仅能够造成人员的死亡，还能够对受伤害者造成人体各器官系统暂时性或永久性的功能性或器质性损害；可以是急性中毒，也可以是慢性中毒；不但影响本人，也有可能影响后代；可以致畸，也可以致癌。三是化工生产事故由于各种毒物分布广、事故多，因而污染严重，且彻底消除污染十分困难。四是化工生产事故不受地形、气象和季节影响。无论企业规模大小、气象条件如何，也无论春夏秋冬，化工生产事故随时随地都有可能发生。五是化学物质种类多，目前统计有 5 000～10 000 种，因而当事故发生后，迅速确定是由哪种物质引起的伤害十分困难，这对事故发生后的应急救援工作不利。

在化工生产中，由于各种原因，在危险化学品生产、运输、储存、销售、使用和废弃物处置等各个环节都出现过许多重特大事故，给人民的生命、财产造成严重的损失。

第 **9** 讲

作业现场安全检查

🎯 9.1 安全检查的类型及其内容

安全检查是指对生产过程及安全管理中可能存在的隐患、危险与有害因素、缺陷等进行查证，以确定隐患或危险与有害因素、缺陷的存在状态及其转化为事故的条件，以便制定整改措施，消除隐患、危险与有害因素、缺陷，确保生产安全。

安全检查是班组安全管理工作的重要内容，是消除隐患、防止事故发生、改善劳动条件的重要手段。安全检查可以发现生产班组作业现场在生产过程中的危险因素，以便有计划地制定纠正措施，保障生产安全。

9.1.1 安全检查的类型

（1）定期安全检查

定期安全检查一般是通过有计划、有组织、有目的的形式来实现的，如年度安全检查、季度安全检查、月度安全检查、每周安全检查等。检查周期根据各单位实际情况确定。定期安全检查的面广，有深度，能及时发现并解决问题。

（2）经常性安全检查

经常性安全检查则是采取个别的、日常的巡视方式来实现的。在施工（生产）过程中进行经常性安全检查，能及时发现隐患并消除，保障施工（生产）正常进行。

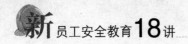
（3）季节性及节假日前后安全检查

由各级生产单位根据季节变化，按事故发生的规律对易发的潜在危险，突出重点进行季节性安全检查，如冬季防冻保温、防火、防煤气中毒，夏季防暑降温、防汛、防雷电等检查。

由于节假日（特别是重大节日，如元旦、春节、劳动节、国庆节）前后容易发生事故，因而应进行有针对性的安全检查。

（4）专业（项）安全检查

对危险较大的在用设备设施检查，对作业场所环境条件的管理性或监督性定量检测检验则属专业安全检查。专项安全检查是对某个专项问题或在施工（生产）中存在的普遍性安全问题进行的单项定性检查。

专业（项）安全检查具有较强的针对性和专业要求，用于检查难度较大的项目。专业（项）安全检查可发现潜在问题，研究整改对策，及时消除隐患，进行技术改造。

（5）综合性安全检查

综合性安全检查一般是由主管部门对下属各企业或生产单位进行的全面综合性检查，必要时可组织进行系统的安全性评价。

（6）不定期的职工代表巡视安全检查

由企业或车间工会负责人负责组织有关专业技术特长的职工代表进行巡视安全检查，重点检查国家安全生产方针、法规的贯彻执行情况；检查单位领导干部安全生产责任制的执行情况；检查职工行使安全生产权利的情况；检查事故原因、隐患整改情况；对责任者提出处理意见。此类检查可进一步强化各级领导安全生产责任制的落实，促进职工合法权益的维护。

9.1.2 安全检查的内容

安全检查对象的确定应本着突出重点的原则，对于危险性大、易发生事故、事故危害大的生产系统、部位、装置、设备等应加强检查。一般应重点检查：易造成重大损失的易燃易爆危险物品、剧毒品、锅炉、压力容器、起重设备、运输设备、冶炼设备、电气设备、冲压机械，高处作业和本企业易发生工伤、火灾、爆炸等事故的设备、工种、场所及其作业人员；易造成职业中毒或职业病的尘毒点及其作业人员；直接管理重要危险点和有害点的部门及其负责人。

安全检查的内容包括软件系统和硬件系统，具体主要是查思想、查管理、查隐患、查整改、查事故处理。

目前，对非矿山企业，国家有关规定要求强制性检查的项目如下：锅炉、压力容器、压力管道、高压医用氧舱、起重机、电梯、自动扶梯、施工升降机、简易升降机、防爆电器、厂内机动车辆、客运索道、游艺机及游乐设施等，作业场所的粉尘、噪声、振动、辐射、高温、低温、有毒物质的浓度等。矿山企业要求强制性检查的项目如下：矿井风量、风质、风速及井下温度、湿度、噪声，瓦斯、粉尘，矿山放射性物质及其他有毒有害物质，露天矿山边坡，尾矿坝，提升、运输、装载、通风、排水、瓦斯抽放、压缩空气和起重设备，各种防爆电器、电器安全保护装置；矿灯、钢丝绳等，瓦斯、粉尘及其他有毒有害物质检测仪器、仪表，自救器，救护设备，安全帽，防尘口罩或面罩，防护服、防护鞋，防噪声耳塞、耳罩。

🎯 9.2 安全检查的方法和工作程序

9.2.1 安全检查的方法

（1）常规检查

常规检查是常见的一种检查方法。常规检查通常是由安全管理人员作为检查工作的主体，到作业场所的现场，通过感观或借助一定的简单工具、仪表等，对作业人员的行为、作业场所的环境条件、生产设备设施等进行的定性检查。安全检查人员通过这一手段，可及时发现现场存在的事故隐患并采取措施予以消除，纠正作业人员的不安全行为。

这种方法完全依靠安全检查人员的经验和能力，检查的结果直接受安全检查人员个人素质的影响。因此，常规检查对安全检查人员要求较高。

（2）安全检查表法

为使检查工作更加规范，降低个人行为对检查结果的影响，常采用安全检查表法。

安全检查表（SCL）通过事先对系统加以剖析，列出各层次的不安全因素，确定检查项目，并把检查项目按系统的组成顺序编制成表，以便进行检查或评审，从而系统地找出系统中的不安全因素。安全检查表是进行安全检查，发现和查明各种危险和隐患，监督各项安全生产规章制度的实施，及时发现事故隐患并制止违规行为的一个有力工具。

安全检查表应列举须查明的所有会导致事故的不安全因素。每个检查表均应注明检查时间、检查者、直接负责人等，以便分清责任。安全检查表的设计应做到系统、全面，检查项目应明确。

编制安全检查表的主要依据如下：

1）有关标准、规程、规范及规定。

2）国内外事故案例及本单位在安全管理及生产中的有关经验。

3）通过系统分析确定的危险部位及防范措施。

4）新知识、新成果、新方法、新技术、新法规和标准。

我国许多行业都编制并实施了适合行业特点的安全检查标准。例如，建筑、火电、机械、煤炭等行业都制定了适用于本行业的安全检查表。企业在实施安全检查工作时，根据行业颁布的安全检查标准，可以结合本单位情况制定更具可操作性的检查表。

（3）仪器检查法

机器、设备内部的缺陷及作业环境条件的真实信息或定量数据，只能通过仪器检查法来进行定量化的检验与测量，以发现事故隐患，从而为后续整改提供信息。因此，必要时需要实施仪器检查。由于被检查对象不同，检查所用的仪器和手段也不同。

9.2.2　安全检查的工作程序

安全检查工作一般包括以下几个步骤：

（1）安全检查准备

准备内容如下：

1）确定检查对象、目的、任务。

2）查阅、掌握有关法规、标准、规程的要求。

3）了解检查对象的工艺流程、生产情况、可能出现的危险或危害的情况。

4）制订检查计划，安排检查内容、方法、步骤。

5）编写安全检查表或检查提纲。

6）准备必要的检测工具、仪器、书写表格或记录本。

7）挑选和训练检查人员，并进行必要的分工等。

（2）实施安全检查

实施安全检查就是通过访谈、查阅文件和记录、现场检查、仪器测量的方式获取信息。

1）访谈。与有关人员谈话，了解相关部门、岗位执行规章制度的情况。

2）查阅文件和记录。检查设计文件、作业规程、安全措施、责任制度、操作规程等是否齐全、有效；查阅相应记录，判断上述文件是否被执行。

3）现场检查。到作业现场寻找不安全因素、事故隐患、事故征兆等。

4）仪器测量。利用一定的检测检验仪器、设备，对在用的设施、设备、器材状况及作业环境条件等进行检测，以发现事故隐患。

（3）通过分析作出判断

掌握情况（获得信息）之后，就要进行分析、判断和检验。可凭经验、技能进行分析、判断，必要时可以通过仪器测量、检验得出正确结论。

（4）及时作出决定进行处理

作出判断后应针对存在的问题作出采取措施的决定，即下达隐患整改意见和要求，包括要求进行信息反馈。

（5）实现安全检查工作闭环

通过复查整改落实情况，获得整改效果的信息，以实现安全检查工作的闭环。

9.3 安全检查表

9.3.1 安全检查表及其分类

（1）安全检查表的内容

为了系统地识别工厂、车间、工段或装置、设备以及各种操作管理和组织中的不安全因素，事先将要检查的项目，以提问的方式编制成表，以便进行系统检查和避免遗漏，这种表就是安全检查表。

安全检查表出现于 20 世纪 20 年代，是一种最基础、应用最广泛的风险评价方法。安全检查表种类多、适用面广、使用方便，可根据不同的要求制定不同的检查表进行检查，因此，它作为一种定性安全评价方法有着广泛的应用。

安全检查表法的核心是安全检查表的编制和实施。安全检查表必须包括系统或子系统的全部主要检查点，不能忽略那些主要的、潜在的危险因素，而且还应从检查点中发现与之有关的其他因素。

总之，安全检查表应列明所有可能导致事故发生的不安全因素和岗位的全部职责，其内容主要包括分类、序号、检查内容、回答、处理意见、检查人和检查时间、检查地点、备注等。

通常检查结果用"是（√）"（表示符合要求）或"否（×）"（表示还存在问题，有待进一步改进）来回答检查要点的提问。另外，也可用其他简单的参数来进行回答。有改进措施栏的，应填上整改措施意见。

检查表有各种形式，不论何种形式的检查表，其总体要求如下：一是内容必须全面，以避免遗漏主要的潜在危险；二是重点突出，简明扼要，否则容易掩盖主要危险，分散人们的注意力，反而使评价不确切。为此，重要的检查条款可进行标记，以便认真查对。

安全检查表主要有以下优点：

1）检查项目系统、完整，可以做到不遗漏任何可能导致危险的关键因素，因而能保证安全检查的质量。

2）可以根据已有的规章制度、标准、规程等，检查执行情况，得出准确的评价结论。

3）安全检查表采用提问的方式，有问有答，给人的印象深刻，能使人知道如何做才是正确的，因而可起到安全教育的作用。

4）编制安全检查表的过程本身就是一个系统安全分析的过程，可使检查人员对系统的认识更深刻，更便于发现危险因素。

（2）安全检查表的分类

安全检查表的分类方法有许多种，如可按基本类型分类，可按检查内容分类，也可按使用场合分类。

目前，安全检查表有3种类型：定性检查表、半定量检查表和否决型检查表。定性检查表要求列出检查要点并逐项检查，检查结果以"是"或"否"表示，检查结果不能量化。半定量检查表是给每个检查要点赋以分值，检查结果以总分表示，有了量的概念。这样，不同的检查对象可以相互比较，但缺点是对检查要点的准确赋值比较困难，而且个别十分突出的危险不能被充分地表现出来。我国原化工部 1990—1992 年安全检查表以及中国石油天然气总公司安全评价方法中的检查表即为此种类型。否决型检查表是对一些特别重要的检查要点进行标记，这些检查要点如不符合要求，检查结果视为不合格，即具有一票否决的作用，这样可以做到重点突出。

由于安全检查的目的、对象不同，检查的内容也有所区别，因而应根据需要制定不同的检查表。例如，日本消防厅的检查表侧重于事故发生后的消防活动，对安全措施进行检查；而日本劳动省的检查表则侧重于劳动灾害，对工艺过程的安全管理进行检查。我国原化工部 1990—1992 年发布的 3 个检查表侧重于安全管理；而中国石油天然气总公司安全评价方法中的检查表除包括安全管理的内容外，更多地涉及各类生产设备的选型、材质、结构及安全附件等。

安全检查表按其使用场合大致可分为以下几种：

1）设计用安全检查表：主要供设计人员进行安全设计时使用，也可作为审查设计的依据。其内容主要包括厂址选择，平面布置，工艺流程的安全性，建筑物、安全装置、操作的安全性，危险物品的性质、储存与运输，消防设施等。

2）厂级安全检查表：供全厂安全检查时使用，也可供安技、防火部门进行日常巡回检查时使用。其内容主要包括厂区内各种产品的工艺和装置的危险部位，主要安全装置与设施，危险物品的储存与使用，消防通道与设施，操作管理以及遵章守纪情况等。

3）车间用安全检查表：供车间进行定期安全检查。其内容主要包括人员安全、设备布置、通道、通风、照明、噪声、振动、安全标志、消防设施及操作管理等。

4）工段及岗位用安全检查表：主要用作自查、互查及安全教育。其内容应根据岗位的工艺与设备的防灾控制要点确定，内容要具体易行。

5）专业性安全检查表：由专业机构或职能部门编制和使用。其主要用于定期的专业检查或季节性检查，如对电气设备、压力容器、特殊装置与设备等的专业检查表。

9.3.2 安全检查表的编制

（1）安全检查表的格式

一般地，安全检查表格式包括以下内容：

1）序号（统一编号）。

2）项目名称，如子系统、车间、工段、设备等。

3）检查内容，在修辞上可用直接陈述句，也可用疑问句。

4）检查标准，如标准要求、指标参数的允许范围。

5）检查方法，如查记录、现场检查（包括使用必要的检测技术与手段）。

6）应得分或列出项目的相对重要程度，或注明必要项目。

7）检查结果，实得分或"是/否"的回答。

8）备注，可注明建议改进措施或情况反馈等事项。

9）检查人与检查时间。

（2）安全检查表的编制依据

编制安全检查表的依据主要有以下几个方面：

1）有关规程、规定和标准。例如，编制采煤工艺过程和割煤机的安全检查表，应以《煤矿安全规程》及操作规程、作业规程中的相关规定作为依据，对检查涉及的工艺指标规定出安全的临界值，超过该指标的规定值即应报告并进行处理，以使检查表的内容符合法规的要求。

2）本单位的经验。由本单位工程技术人员、生产管理人员、操作人员和安全技术人员共同总结生产操作的经验，分析导致事故的各种潜在的危险因素和外界环境条件。

3）国内外事故案例。认真收集以往发生的事故案例以及在生产、研制和使用中出现的问题，包括国内外同行业、同类事故的案例和资料。

4）系统安全分析的结果。根据其他系统安全分析方法（如事故树分析、事件树分析、故障类型及影响分析和预先危险性分析等）对系统进行分析的结果，将导致事故的各个基本事件作为防止灾害的控制点列入检查表。

（3）安全检查表的编制方法

根据检查对象，安全检查表编制人员可由熟悉系统安全分析的本行业专家（包括生产技术人员）、生产管理人员以及生产第一线有经验的人员组成。主要编制步骤如下：

1）确定检查对象与目的。

2）剖切系统。根据检查对象与目的，把系统剖切成子系统、部件或元件。

3）分析可能的危险性。对各"剖切块"进行分析，找出被分析系统（部件或元件）存在的危险因素，评定其危险程度和可能造成的后果。

4）确定检查要点。根据危险性大小及重要度顺序，定出检查项目，以提问的形式列出要点并制成表格。

（4）安全检查表编制的注意事项

安全检查表应用后，要通过实践检验不断修改，使之逐步完善。检查表力求系统完整，不漏掉任何可能引发事故的危险关键因素。因此，编制安全检查表应注意以下问题：

1）安全检查表的编制是一个复杂、严谨的过程，应针对不同的检查对象和目的，组织技术人员、生产管理人员、操作人员等，在结合理论知识和实践经验的基础上，共同完成。

2）安全检查表的编制要依据适当的安全技术标准及有关法律规定，在充分了解系统的基础上进行。

3）检查项目要全面、具体、明确，检查表要条理清晰、重点突出、避免重复、简明扼要，以便尽早发现、排除事故隐患。

4）检查表的编制要有针对性，不同类别的检查表，其适用范围和侧重点都不同，不宜通用。专业与日常、重点与次要、管理者和操作者等检查内容要有区分，做到各负其责。

5）检查表中的检查项目要随着工艺和设备的改进而不断更新。

第 *10* 讲

生产现场安全活动

🎯 10.1 班前会和班后会活动

10.1.1 开好班前会

班前会是班组长根据当天的工作任务，结合本班组的人员、人数、各人的安全操作水平、安全思想稳定性、原材料、作业机具、安全用具、现场条件和工作环境等，在工作开始前召开的班组会。为使班前会开得卓有成效，应注意以下几点：

（1）明确班前会的特点

班组长在向班组成员布置当天生产任务时应同时布置安全工作。班前会的主要特点是时间短、内容集中、针对性强。它既区别于事故分析会，也不同于安全活动日。

（2）明确班前会的内容

班前会的内容一般应包括以下几点：

1）交代当天的工作任务，做出分工，指定负责人和监护人。

2）告知作业环境的情况。

3）讲解使用的机械设备和工器具的性能和操作技术。

4）做好危险点分析，告知可能发生事故的环节、部位和应采取的防护措施。

5）检查督促班组成员正确穿戴和使用劳动防护用品。班组长要对这些内容逐项地交代清楚，对班组成员提出的疑问，要耐心地加以解释，使班组成员明白应该怎样做和不应该怎样做。

（3）做好会前准备工作

班前会是一种分析预测活动。要使之符合实际，具有针对性和预见性，就需要班组长在会前动一番脑筋。为此，班组长每天要提前到岗，查看上一班的工作记录，听取上一班班组长的交班情况，了解设备运行状况、有无异常现象和缺陷、是否进行过检修等，并进行现场巡回检查。班组长还要对生产任务、相应的安全措施、须使用的安全工器具等做到心中有数，对承担工作任务的班组成员的技术能力、责任心有足够的了解。在全面了解情况的基础上，班前会才能突出"三交"（交任务、交安全、交措施）和"三查"（查工作着装、查精神状态、查劳动防护用品），并根据生产任务的特点、设备运行状况、作业环境等，有针对性地提出安全注意事项。

（4）跟踪验证

班组长在作业前交代的有关安全事项是否正确，必须在作业中考察验证。符合实际的，要坚持下去；不符合实际的，要适时纠正；没有考虑到的，要重新考虑进去。对因故没有参加班前会的个别班组成员，班组长事后应对此人补课交底，防止发生意外。

10.1.2　开好班后会

班后会是一天工作结束时或告一段落后，由班组长主持召开的班组会。班后会应注意以下几点：

（1）把握好方式方法

班后会与班前会所采取的方式和要解决的重点问题是不同的。班前会是以思想动员的方式，对即将作业的安全工作进行分析预测，以便防患于未然。班后会则是以讲评的方式，对已经完成的生产过程的安全工作情况进行检查、总结，并提出整改意见。班前会是班后会的前提和基础，班后会是班前会的继续和发展。

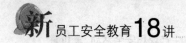
（2）明确班后会的内容

班后会的内容一般包括以下几点：

1）简明扼要地小结当天任务完成情况和安全规程执行情况，既要肯定好的方面，又要找出存在的问题和不足。

2）对工作中认真执行规章制度、表现突出的班组成员进行表扬，对违章指挥、违章作业的人员视情节轻重和造成后果的大小，提出批评或处罚。

3）提出整改意见和防范措施。班后会的鲜明特点是能够及时发现问题和解决问题，针对性强、见效快。

（3）有的放矢、做好准备

班组长要全面、准确地了解当天的工作情况，特别要把发现的不安全现象或造成的事故作为掌握的重点，在详细了解的基础上，形成要点，使班后会的总结评比具有很强的说服力。同时还要注意班后会讲评的方法，既要调动班组成员安全工作的积极性，增强其自我保护意识和能力，又要帮助班组成员端正认识，克服消极情绪，最终达到安全生产的目的。

10.2 安全日活动

10.2.1 安全日活动及其内容

安全日活动是班组开展安全分析的基本形式，它不仅是班组成员学习有关安全生产各类文件、加强法制观念、提高自我保护意识的好形式，也是班组成员相互交流安全工作经验的好机会。因此，安全日活动作为班组活动的一项长期内容，对于提高班组成员的安全意识、规范班组成员的安全行为起着举足轻重的作用。安全日活动一般包括以下内容：

（1）学习上级和本单位的安全文件、事故快报、安全简报，联系班组实际，提出防范措施。

（2）学习本单位的安全生产规章制度，检查有无违规现象、违规行为。

（3）本周的安全状况分析、讲评、总结以及下周安全工作安排和要求。

（4）每月班组对年度安全目标的执行情况进行对照检查，提出存在的问题和改进要求，开展月度安全分析评价、事故预想、安全技术知识考核等。

（5）布置、落实安全大检查工作和专项安全检查工作。

（6）班组管辖的工器具的试验及设备检查后的分析和研究。

（7）班组安全工作台账的检查、整理等。

10.2.2　安全日活动的要求

（1）对上级布置和指定的学习内容，必须认真、完全、彻底地落实，不能缺失。

（2）班组成员必须全部参加，并认真做好活动记录（记录应包括活动内容及参加人员）。如有缺席人员，应记录在案，注明缺席的原因，缺席人员应及时补课。

（3）安全日活动内容要充分、联系实际、形式多样、讲究实效，切忌流于形式。每次活动均应有所侧重、有所成效。

（4）班组长、安全员在安全日活动前要做好充分准备。

（5）班组成员在活动中应态度端正，密切联系日常工作实际，积极发言，并针对存在的问题提出意见和建议。

10.2.3　如何开展班组安全日活动

（1）完善管理制度

班组安全日活动是否开展得好及能否取得应有的成效，与是否建立完善的班组安全日活动管理办法和量化的检查考核标准有很大的关系。因此，应制定符合班组自身特点的活动规定，从活动的原则、时间、内容、记录及检查考核等方面对班组安全日活动作出明确规定，使班组安全日活动达到经常化、制度化、规范化的要求。同时，从活动的组织管理、活动计划及活动的实施情况等方面，制定可操作性强的检查考核办法，切实把班组安全日活动落到实处。

（2）提高活动效力

1）班组每一位成员应抱着"学安全、懂安全、会安全"的态度，积极参与班组安全日活动，集思广益，不断拓展班组安全日活动的思路。

2）要尽量从解决本岗位的问题出发，按"小、实、活、新"的要求安排活动内容。即活动内容不必求大，只要能解决生产实际中的一个小问题，就可以说达到了目的。

3）班组安全日活动要与合理化建议、技术创新相结合，与班组安全文化建设相结合。

（3）创新活动内容、活动形式

在开展班组安全日活动过程中，要以丰富新颖的活动内容、灵活多样的活动形式来吸引班组成员主动参与，避免班组成员因产生厌倦、抵触情绪而使班组安全日活动走过场。

为提高班组安全日活动的学习效果，企业的安全管理机构可将企业制定下发的会议文件、安全信息、事故通报、制度规定等及时汇编成册，定期编写一些通俗易懂、切合实际的教材，发放到班组，为班组开展活动提供必要的学习资料。在活动形式上，可根据工作性质和岗位生产特点，从提高班组成员安全意识和实际操作技能入手，因人、因时、因地制宜地组织开展形式多样、内容丰富的班组安全日活动。具体要求如下：

1）分散活动与集中活动相结合。可以班组为单位，在班组长的带领下，开展隐患查改、事故预想、关键位置应急处理预案演练等活动。也可以车间或全厂大横班为单位，邀请厂领导结合企业的安

自我保护意识与操作技术的有效措施。当前，随着改革的不断深化，租赁制推行，承包制层层落实，企业经济效益逐渐提高，但也出现了一些忽视安全生产的短期行为。不仅有的企业经营者存在重生产、轻安全的思想，而且在班组中也存在着片面追求进度、冒险蛮干、拼设备、拼体力等许多不安全的行为。此外，目前企业从业人员中农民工的比例大量增加，他们的文化技术素质低，劳动纪律观念淡薄，容易导致事故发生。这些情况都严重地威胁着安全生产。

因此，必须在努力提高班组成员的自我保护意识和操作技术上下功夫。开展创建"安全合格班组"活动是一项非常有效的措施，如果企业的每一个班组都有适合本班组的安全奋斗目标，从"要我安全"转变为"我要安全"，并不断提高岗位的操作技术水平，争创"安全合格班组"，就一定能促使企业的安全管理水平上升到一个新的高度。

10.3.2 创建"安全合格班组"的条件和标准

开展创建"安全合格班组"活动的目的，是提高班组成员自防自保的能力，增强班组成员的安全意识和安全技术水平，逐步把班组变成一个安全、舒适的工作场所。"安全合格班组"的条件和标准，因不同的行业具有不同的生产特点，而不可能完全统一，但是具有共性内容、共同条件。

（1）实行目标管理

班组每位成员要了解本企业、本班组的安全生产目标及实现目标的主要措施。班组能够运用现代安全管理方法，从自身做起，实现安全目标。

（2）打好基础

安全管理基础工作要达到以下要求：

1）建立完善的岗位安全生产责任制、安全操作规程，并认真执行。

2）班组成员能熟记本岗位安全操作规程，了解班组内危险源及防范措施，不冒险作业。

3）特种作业人员严格执行持证上岗的规定，并建立安全互保制度，如3人作业要有1人负责安全，2人作业要指定专人监护等。

4）正确穿戴并爱护劳动防护用品，正确使用并维护安全防护设施、装置，由专人负责设备保养和作业环境的安全。

5）设有违章违纪、险肇事故、事故隐患登记簿，班组安全台账记录齐全，不弄虚作假。

6）按规定的要求认真做好班组安全教育、安全检查等日常安全工作。班组骨干成员能够较全面地掌握安全知识，操作技能过硬，安全意识较强，班组形成浓厚的安全生产氛围。

（3）坚持开展安全活动

这里所说的安全活动主要如下：

1）坚持每天的班前、班后会，定期开展班组安全日活动。活动参与率高，效果明显，记录详细。

2）坚持每天的班前、班中、班后安全检查活动，定期开展查隐患抓整改活动。

3）广泛发动群众开展为安全提合理化建议活动，通过小改小革逐步改善劳动条件。

（4）积极推行科学管理方法

认真、正确地运用班组安全检查表进行安全检查。积极采用现代安全管理方法，如事故树、生物节律、信息管理等科学预测分析方法，搞好事故预测工作。

（5）搞好文明生产

作业场所要清洁，物料堆放整齐，安全通道符合要求。班组范围内，各类设备、工具及工作场所必须做到安全无隐患。人人遵守劳动纪律，不脱岗、不串岗、不酒后操作。班组污染源管理效果好，无随意倾倒污染物的现象，并养成定点存放、节约使用物料的良好习惯。

10.3.3 创建"安全合格班组"的方法

安全工作是一项群众性工作，必须发动群众、相信群众、依靠群众。创建"安全合格班组"活动就是充分发挥班组成员积极性的一项群众性活动，因此它符合企业安全管理工作的需要，具有较强的生命力。开展创建"安全合格班组"活动，应着重抓好以下几个方面的工作：

（1）统一思想，提高认识

要使创建"安全合格班组"活动能顺利开展，企业上下必须统一认识，特别是企业领导的认识必须到位，这是创建"安全合格班组"活动成功的关键。企业领导要认真分析本企业班组安全管理的现状，找出差距，从基础管理上找原因，研究抓好班组安全管理的措施，认识到开展创建"安全合格班组"活动是实现班组安全管理标准化、规范化、科学化的有力措施。有了这个前提，车间领导、班组长和班组成员认识的统一就有了基础。

（2）广泛参与

开展创建"安全合格班组"活动，还需要调动班组成员的参与积极性。企业应利用各种宣传工具，广泛地宣传创建"安全合格班组"活动的重要性和迫切性，介绍开展创建"安全合格班组"活动的好经验。此外，在宣传中，要注意从班组成员的切身利益说起，使他们切实感到创建"安全合格班组"活动对自身、班组、企业有百利而无一害，从而使班组成员从被动的"要我这样做"转变为自觉的"我要这样做"。

（3）增加教育培训

在广泛宣传的同时，企业还要对班组中出现的一些具体问题进行指导并解决，加强对班组长的教育培训，使他们对"安全合格班组"的基本内容、标准和要求有清楚的认识，明确在创建"安全合格班组"活动中应带领班组成员做好哪些工作。

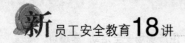

（4）持续建设

创建"安全合格班组"活动，不是一项一劳永逸的工作，也不是一项应急措施，而是保障班组安全建设的一项长期工作。这项工作实质上是传统的管理方法向科学的管理方法的一个转变，要做大量深入细致的工作，并制定切实可行的规划。因此，企业在推行这项工作时，必须从本企业的安全管理实际出发，确立工作规划，分阶段地确定工作目标，使活动能够有计划、有步骤地进行。

总之，"安全合格班组"从创建到验收达标只是一段时间内的工作，而巩固、保持则是一项长期的工作，也是创建活动的最终目标。在创建"安全合格班组"的活动中，可以将创建活动与经济责任制及奖惩制度挂钩，在给予荣誉的同时相应地给予物质奖励，激励班组成员不断努力，保持荣誉并争取达到更高的要求。对存在问题而不进行整改，复查达不到标准要求的班组，则应取消"安全合格班组"称号，并给予经济制裁。

🎯 10.4 生产班组"三不伤害"活动

10.4.1 "三不伤害"活动的内容与原理

"三不伤害"活动以人员操作行为为对象，以"我"为主线，以岗位工程程序化、行为规范化、操作标准化为主要内容，以无事故为目标，在生产（施工）中处理好安全"我、你、他"的关系。"三不伤害"活动的核心是制定岗位"三不伤害"防护卡，使"我"所在岗位，所使用的机器、工具、物品、材料，他人的机器、设施、工具等都不能伤害自己，同时也不因自己而伤害"你"和"他"。开展"三不伤害"活动，是将"我"岗位和"你""他"岗位之间安全诸因素统筹考虑，综合于"三不伤害"防护卡之中，形成互相联系、互相保障、环环相扣的网络，以确保"我、你、他"的安全生产。

开展"三不伤害"活动的动力,主要来源于安全生产工作实践。在企业的生产作业中,绝大多数人身伤害发生在生产一线的作业班组。人身伤害的原因,主要是人为失误,追根溯源,不外乎以下 3 种情况:因自己失误而伤害自己;因自己失误而伤害别人;因别人失误导致伤害自己。进行综合归类,不难发现,凡发生人身伤害事故,均与"自己"不无关系。血的教训告诉大家,预防人身伤害事故发生,必须要有针对性地采取措施,人人立足于"我",都从自己做起。基于以上认识,提出开展"三不伤害"活动,既是多年安全工作实践经验的科学总结,又是工伤事故人员生命与鲜血的"结晶"。

10.4.2 开展"三不伤害"活动的意义

(1)激发班组成员搞好安全生产的积极性

"三不伤害"活动以"我"为出发点,又以"我"为归宿,容易使班组成员进入角色,也能激发班组成员参与这项活动的自觉性和自主性。根据以往经验,如果过多采用行政命令,班组成员容易产生逆反心理,引起副作用。"三不伤害"活动具有吸引力和易被班组成员接受的特征,注重循循善诱、启发引导、竞赛评比,激发班组成员的思想共鸣。这一活动突出了一个"我"字,符合人们普遍的心理愿望。

(2)提高班组成员自我和群体防护意识和能力

现代化大生产技术装备复杂,劳动分工细密,并且在以人为核心的人-机-环境系统中,人的行为是否安全,主要取决于生理、心理因素及技术能力,而技术能力尤为重要。技术能力包括对知识的掌握和实践经验的积累。例如,钢铁企业青工比例大,约占 65%,并多工作在生产一线。但青工技术素质差,自我防护能力不足,严重影响安全生产。开展"三不伤害"活动,通过查"三害"原因,定"三防"对策，一是可熟悉和掌握本岗位的危害因素；二是激励学习"三规三制"的主动性；三是能吸取以往的事故经验教训，增长知识，提高自我防护能力。人人参与，个个思考、联想，立足本岗位系统，从实际出发，自问自答，自查自评，规范思维方法，增强了群体安全意识和防护能力。

（3）进一步推动班组安全建设

据大量事故分析，90%以上的事故发生在班组，80%以上的事故是违章指挥、违规作业等人为因素造成的。因此，在现有的条件下，加强班组建设是企业加强安全生产的关键，也是减少伤亡事故和各类灾害事故最切实、最有效的办法。

🎯 10.5 生产班组反习惯性违章活动

10.5.1 习惯性违章的定义

习惯性违章是指固守旧的不良作业传统和工作习惯，违反国家和上级的有关规章制度，违反本单位制定的现场规程、操作规程、操作方法等进行工作，不论是否造成不良后果，统称为习惯性违章；或者虽然在企业规章制度中没有明确的条文规定，但其行为明显威胁安全或不利于安全生产，也称之为违章。

一些企业开展反习惯性违章活动多年，但只是把它作为一种口号性的号召，并没有切实地深入从业人员之中。久而久之，习惯性违章就成为企业生产中最大的事故隐患。另外，部分习惯性违章不容易界定，只有发生了事故，才能分析出这是习惯性违章。因此，要深入到每一个岗位，让从业人员真正懂得操作中哪些行为属于习惯性违章。

10.5.2　习惯性违章分类

习惯性违章按其性质可以分为以下 3 类：

（1）作业性违章

从业人员工作中的行为违反规章制度或其他有关规定，称作业性违章。例如，进入生产场所不戴或未戴好安全帽，高处作业不系安全带；操作前不认真核对设备的名称、编号和应处的位置，操作后不仔细检查设备状态、仪表指示；未得到工作负责人许可工作的命令就擅自工作；热力设备检修时不泄压，转动设备检修时不按规定分别挂警告牌等。

（2）装置性违章

设备设施、工作现场作业条件不符合安全规程、规章制度和其他有关规定，称装置性违章。例如，厂区道路、厂房通道无标示牌、警告牌，设备无标示牌，井、坑、孔、洞的盖板、围栏、遮栏没有或不齐全，电缆不封堵，照明不符合要求，转动机械没有防护罩等。

（3）指挥性违章

指挥性违章是指各级领导、工作负责人，违反安全卫生法规、安全操作规程、安全管理制度，以及为保障人身、设备安全而制定的安全组织措施和安全技术措施所进行的违章指挥行为。

统计表明，作业性违章、指挥性违章是造成人身伤亡事故和误操作事故的主要原因。企业安全生产的基点在班组，企业要实现安全生产，就必须夯实班组安全工作的基础，加大开展反习惯性违章工作的力度。

10.5.3　习惯性违章原因分析

（1）主观心理因素造成的习惯性违章

主观心理因素造成的习惯性违章，主要有以下情况：一是因循守旧，麻痹侥幸；二是马虎敷衍，贪图省事；三是自我表现，逞能好强；四是玩世不恭，逆反心理。

（2）客观因素造成的习惯性违章

客观因素造成的习惯性违章，主要有以下情况：

1）操作技能不熟练。由于培训教育不够，从业人员没有掌握正确的操作程序，对设备性能、状况、操作规程不熟悉，不能根据指示仪器仪表所反映的信息对设备运行状况进行调整。

2）制度不完善。作业标准和规章制度不完善，使从业人员无章可循、无法可依。

3）安全监督不够。对一些习惯性违章现象熟视无睹，对一些严重违章现象存在漏查或查处力度不够的情况，特别是在生产任务重、时间紧的情况下，一味强调按时完成生产任务，从而使部分从业人员滋生了忽视安全的习惯和心态。

10.5.4 班组开展反习惯性违章活动

反习惯性违章活动的主要目的是杜绝死亡、重伤和误操作事故的发生，大幅度地减少轻伤事故，从挖掘不安全的苗头着手，抓异常、抓未遂。对生产班组而言，重点是根据本班组的具体情况，防止各重伤事故和误操作事故。

（1）引导从业人员认识习惯性违章的危害

习惯性违章是表现形式，而支配它的思想根源是多种多样的。例如，存在麻痹思想，重视一般情况，而忽视特殊情况。安全规程规定，停电作业时，必须先验电，后作业，有些人则认为多此一举。一般情况下，停电作业的对象是不会带电的，但如果由于种种原因未拉闸，这种特殊情况一旦出现，后果将不堪设想。另一种思想根源是怕麻烦、图省事，把本应该履行的程序减掉了。例如，巡回检查时，不按规定的检查线路和项目进行，走马观花。在反习惯性违章活动中，只有让从业人员从事故教训中深刻认识习惯性违章的危害和后果，根除习惯性违章的思想根源，从业人员才能自觉地遵章守纪。

（2）排查习惯性违章，制定反习惯性违章措施

1）对本班组存在的习惯性违章，进行认真细致排查。要防止走过场、应付上级检查的情况。例如，有的班组虽然制定了反习惯性违章的规定，并且张贴起来，但是班组却没有认真结合自身的问题进行排查；有的班组甚至不知道哪些行为属于习惯性违章。

2）要吸取其他企业、其他班组的事故教训，排查本班组有无类似习惯性违章现象。在此基础上，制定出有效的反习惯性违章措施。

（3）班组长起好模范带头作用

习惯性违章是根深蒂固的，某些从业人员甚至没有意识到其错误所在，因此纠正起来有一定的难度，这就要求班组长首先带头纠正自己的违章行为。如果班组长不遵守安全规则，却去批评指正他人，很难被他人接受。此外，随着机械化程度的提高和生产规模的扩大，一个不负责任的行为往往会造成整个生产线生产的瘫痪，其后果十分严重。因此，班组长在日常工作中要经常进行劳动安全卫生方面的宣传教育，发现习惯性违章或不按规章制度办事的行为，必须立即指出，责令其纠正。如果班组长不能照章办事，甚至参与违章，则迟早会导致事故的发生，并负有不可推卸的责任。

（4）对习惯性违章严格考核

习惯性违章是屡教不改、屡禁不止的行为，它与偶尔发生的违章行为是不同的。对屡禁屡犯者，应该"小题大做"，从重处罚。处罚是保障安全生产规章制度实施，建立安全生产秩序的重要手段。如果人人都对习惯性违章望而生畏，那么何愁这种现象得不到制止。

10.5.5　开展反习惯性违章活动的几点注意事项

（1）常抓不懈

习惯性违章具有顽固性的特点，所以反习惯性违章活动是一项长期而艰巨的工作，不可能一蹴而就。只有常抓不懈，才会取得显

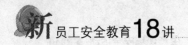

著的效果。

（2）因人施教

要根据不同从业人员的特点，因人施教。习惯性违章大多发生在这样几种人身上：新入厂的从业人员，由于不知违章作业的危害，往往放松对自己的约束；有一定工作经验的从业人员，习惯凭老经验办事；胆大心粗的从业人员，往往不计后果，不听劝阻；法律观念不强的从业人员，明知故犯，知错不改。这就要求班组长有针对性地开展工作，多做个别人的工作。

（3）综合治理

开展标准化作业，坚持安全检查，实行安全监护制，采用高科技手段等都有助于预防因习惯性违章而引起的事故。

为了杜绝违章行为，切实做到"反违章人人有责"，在反习惯性违章活动中，每位从业人员都应做到以下几点：明确活动的目的和意义，自觉加入反违章行列中，重新学习安全规程，从正反两方面典型事例中吸取经验教训，提高自己的安全意识和防护能力；当别人制止自己的违章行为时，应该虚心接受，当发现别人有违章行为时，要大胆劝阻并制止。

◎ 10.6　生产班组危险预知分析活动

10.6.1　危险预知要遵循的原则

（1）消除原则

通过合理的计划、组织和操作，从根本上消除物、机、环境中存在的不安全因素，努力消除人的思想和行为上的危险、有害因素，实现本质安全化。

（2）预防原则

当消除危险有困难时，可采取预防性技术措施，如增加防护罩，高处作业系好安全带，按岗位作业标准作业等。

（3）减弱原则

在无法消除危险源和难以采取预防措施时，可采取减少危害的措施，如降温、降噪、高温作业间断休息等。

（4）隔离原则

在上述措施都无法实现的情况下，应将有害因素与人员隔开，如加隔离栏、防护棚等。

（5）连锁原则

当操作者失误易造成伤害或设备运行达到危险状态时，通过连锁装置，终止危险状态。

（6）警告原则

在易发生故障、事故或危险性较大的地方，设置醒目的识别标志，如设置标志牌等，必要时可采用声、光等报警装置。

10.6.2　危险预知要落实的措施和制度

危险预知要落实 4 项措施和 4 项基本制度。

（1）危险预知的 4 项措施

1）直接安全技术措施。生产设备本身应具有本质安全性能，以确保不出现任何事故和危险。

2）间接安全技术措施。若不能实现或不能完全实现直接安全技术措施时，必须为生产设备加装安全防护装置，最大限度地预防、控制事故的发生。

3）指示性安全技术措施。当间接安全技术措施也无法实现或实施时，须采用报警、警示标志等，警告提醒作业人员注意，以便采取相应的对策措施或紧急撤离危险场所。

4）若直接、间接、指示性安全技术措施仍不能避免事故发生时，则应采用岗位作业标准、安全教育和个体防护等措施来预防、降低系统的危险、危害程度。

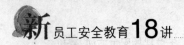

（2）危险预知的 4 项基本制度

在采取上述措施后，还要落实工作票制、挂牌制、确认制、监护制这 4 项基本制度。

10.6.3　危险预知的实施步骤与方法

上岗前，特别是各类检修作业、施工作业前，必须开展危险预知活动，做到"三不开工"，即没有进行危险预知不开工，没有安全交底不开工，没有安全监护人不开工。

实施危险预知的步骤与方法如下：

（1）根据作业内容进行危险辨识

按照相关的技术标准，查找作业项目中的危害因素，从而了解可能产生的危险。

具体措施：班组长在班前会上，首先检查班组成员的工作服穿戴是否规范，作业前精神状态是否良好；班组长总结上一个班的工作，分析是否会给本班带来危险；安排布置本班工作任务，进行安全交底，明确责任人、安全监护人、作业时间、作业地点和环境状况；班组长向班组成员询问进行此项工作的潜在危险（包括固有的、作业中产生的）；班组成员要假想自己已经置身于作业当中，尽力找出危险因素（包括人、机、物、环境、管理等方面的不安全因素），充分发挥自己的想象力，积极大胆地发言；推想找出的危险因素会引发的事故（可能不止一种后果，应尽可能找全），进行讨论；班组长就大家找出的危险，逐一进行宣读确认，避免漏掉任何危险因素。

（2）对找出的危险因素进行分类

通过大家的讨论，从诸多危险中找出大家一致认为是危险且易造成伤害的因素并将其分类。

具体措施：班组长应对每位班组成员进行询问，检查确认是否都对找出的危险因素有所了解和重视；对查出的危险因素进行适当分类。第一类：这个危险不会造成伤害。第二类：这个危险可能造成伤害。将第一类因素剔除，从剩下的第二类因素中，进行第二次分类，即选出大家认为最有可能造成伤害的因素，不能靠举手表决，也不能靠班组长的主观臆断，而应以客观事实、科学推理为依据，仔细、透彻地分析。班组长应再一次向大家确认，对这样的重要危险因素，大家必须记清楚。

（3）制定技术措施

根据前面查找出的重要危险因素，有针对性地制定出合理、有效的措施，并进行确认。

具体措施：对第二类中的重要危险因素，班组长向班组成员或班组成员之间相互提问，启发大家思考；集体讨论，拿出切实可行的措施；对具体措施进行分类，把"作业前必须马上实施的事、必须干的事"作为重点实施项目定下来；把班组的目标定位在处于危险状况的作业应采取措施实现安全作业；班组长就确定的内容向班组成员进行最后的确认，看是否有遗漏的危险和措施。

危险预知后，要根据预知结果逐项落实。如果作业现场发生意想不到的情况，还应适时纠正预知结果，并及时通知到每一位班组成员。要做到作业前静思一分钟，即静思危险预知中确认的作业危险存在的特征、原因及应采取的措施，静思自己的一举一动如何在作业中避免危险，要做到有完全的心理上和行动上的把握才可以行动；作业中沉思一分钟，即检查作业中的一举一动是否符合岗位作业标准、安全检查表以及危险预知结果的要求；作业后反思一分钟，反思作业行为的合理性，是否按预知的要求进行了落实，一旦发现存在还没有做到的行为，提醒自己下次加以注意，并在下次的班前会上进行说明，与其他班组成员进行交流。检查行为后果是否满足了技术上、设备上、安全性能上的要求，以免自己一时的不经意，给自己或他人带来危险。

第 *11* 讲

灭火器及其使用

🎯 11.1 灭火

11.1.1 灭火及其方法

（1）灭火的基本概念

灭火是指使着火物温度降到着火点以下，或者阻止其进一步燃烧反应的行为。按照燃烧理论，灭火的原理是将灭火剂直接喷射到燃烧的物体上或者将灭火剂喷洒在火源附近的物质上，阻断燃烧反应链，或使其不因火焰热辐射作用而形成新的着火点。

（2）灭火方法

发生了火灾，要运用正确的方法进行灭火，通常采用表11-1中的四种方法。

表 11-1　　　　　　　　　　灭火方法分类

灭火方法	原理
隔离法	隔离灭火法是将正在燃烧的物质和周围未燃烧的可燃物质隔离或移开，中断可燃物质的供给，使燃烧因缺少可燃物而停止
窒息法	窒息灭火法是阻止空气流入燃烧区或用不燃烧区或用不燃物质冲淡空气，使燃烧物得不到足够的氧气而熄灭的灭火方法
冷却法	冷却灭火法的原理是将灭火剂直接喷射到燃烧的物体上，以降低燃烧的温度于燃点之下，使燃烧停止。或者将灭火剂喷洒在火源附近的物质上，使其不因火焰热辐射作用而形成新的火点

续表

灭火方法	原理
化学抑制法	化学抑制灭火法是用含氟、氯、溴的化学灭火剂（如 1211 等）喷向火焰，让灭火剂参与燃烧反应，从而抑制燃烧过程，使火迅速熄灭

上述四种方法有时是可以同时采用的，但是，在选择灭火方法时，还要视火灾的原因采取适当的方法，不然，就可能适得其反，扩大灾害。如对于电气火灾，就不能用水浇灭火的方法，而宜用窒息法；对油火，宜用化学抑制法等。

（3）火灾烟气控制

烟气控制是指所有可以单独或组合起来使用以减轻或消除火灾烟气危害的方法。烟气控制方法见表 11-2。

表 11-2   **烟气控制方法**

烟气控制方法	原理
挡烟	用某些耐火性能好的物体或材料把烟气阻隔在某些限定区域之内，不让它流到可对人和物产生危害的地方。这种方法适用于建筑物与起火区没有开口、缝隙或漏洞的区域
排烟	使烟气沿着对人和物没有危害的渠道排到建筑外，从而消除烟气的有害影响。排烟有自然排烟和机械排烟两种形式。排烟囱、排烟井是建筑物中常见的自然排烟形式，它们主要适用于烟气具有足够大的浮力、可能克服其他阻碍烟气流动的驱动力的区域。机械排烟可克服自然排烟的局限，有效地排出烟气

11.1.2　灭火措施及其注意事项

（1）冷却法灭火措施及其注意事项

1）运用冷却法灭火时，可考虑选择以下措施：

①用大量的水冲泼火区来降温。

②用二氧化碳灭火剂灭火。由于雪花状固体二氧化碳本身温度很低，接触火源升华时能吸收大量的热，从而使燃烧区的温度急剧

下降。

③用水冷却火场上未燃烧的可燃物和生产装置，防止它们被引燃或受热爆炸。

2）冷却法灭火应注意如下问题：

①镁粉、铝粉、钛粉、锆粉等金属元素的粉末类火灾不可用水施救，因为这类物质着火时，可产生相当高的温度，高温可使水分子和空气中的二氧化碳分子分解，从而引起爆炸或使燃烧更加猛烈。如金属镁粉燃烧时可产生 2 500 ℃的高温，而空气中存在大量二氧化碳，高温就会把二氧化碳分解成氧气和碳，这样氧化还原反应会更加剧烈。三硫化四磷、五硫化二磷等硫的磷化物遇水或潮湿空气，可分解产生易燃有毒的硫化氢气体，所以也不可用水施救。还有遇湿易燃类物质如碱金属、碱土金属等着火，绝对不可以用水和含水的灭火剂施救，这类物质可以与水发生强烈的氧化还原反应，直接导致火灾事故扩大。

②氧化剂着火或被卷入火中，氧化剂中的过氧化物与水反应，能放出氧加速燃烧或者爆炸，如过氧化钾、过氧化钙、过氧化钡等，起火后不能用水扑救，可用干沙土、干粉扑救。

③密集的直流水用于扑救可燃粉尘（如煤粉、面粉等）聚集处的火灾时必须十分慎重。当直流水难以立即将全部高温物质降温时，有可能造成粉尘爆炸。因为粉尘原来处于聚集状态，燃烧从表面进行，但如果用直流水冲喷，在水流冲击作用下造成粉尘被扬起，形成粉尘的空气混合物，粉尘的表面积大量增加，化学活性增强，可以在未被扑灭的火星甚至火焰作用下发生更剧烈的燃烧、爆炸。

④密度小于水的非水溶性可燃、易燃液体的火灾，原则上不用直流水扑救，如苯、甲苯等，若用水扑救，水会沉在液体下面造成喷溅、漂流，进而扩大火势。

⑤高温设备、高温铁水、盐浴炉和电解铝槽火灾不能用水扑救，因为有可能引起设备破裂、铁水飞溅，火灾范围进一步扩大；冷水

遇到高温熔融物还可能引起水急剧汽化，发生传热型蒸汽爆炸。

⑥酸类腐蚀物品，遇加压密集水流，会立刻沸腾起来，使酸液四处飞溅，所以发烟硫酸、发烟氯酸、浓硝酸等发生火灾后，宜用雾状水、干沙土、二氧化碳扑救。

⑦当遇到未切断电源的电气火灾时，不能用直流水扑救，因为可能会引起更大的电气事故，宜使用干粉灭火剂灭火。

（2）窒息法灭火措施及其注意事项

1）运用窒息法灭火时，可考虑选择以下措施：

①可采用石棉被、浸湿的棉被或帆布、灭火毯等不燃或难燃材料，覆盖燃烧物或封闭孔洞。

②用低倍数泡沫覆盖燃烧液面。

③用水蒸气、稀有气体（或二氧化碳、氮气等）、高倍数泡沫充入燃烧区域内。

④利用建筑物上原有的门、窗以及生产储运设备上的部件封闭燃烧区，阻止新鲜空气流入，以降低燃烧区氧气的含量，达到窒息灭火的目的。

⑤在万不得已而条件又允许的情况下，也可采用水淹没（灌注）的方法扑灭火灾。

2）窒息法灭火时应注意如下问题：

①爆炸品一般只要没有堆积过高，而且没有装在密封的容器内，着火后不一定会形成爆炸。但是如果爆炸品（包括导火索、导爆索及炸药）燃烧，用沙土等覆盖层压盖窒息灭火，反而会造成爆炸。因为爆炸品在燃烧时会自身产生氧气去维持燃烧，覆盖层根本隔绝不了氧气，反而阻碍了炸药燃烧所产生气体的扩散及造成大量热量集聚。如果炸药类物质在房间内或在车厢、船舱内着火时，要迅速地将门窗、车厢门、船舱盖打开，并向内射水冷却，万万不可窒息灭火。

②敞口容器内可燃液体的燃烧，如果用布、棉被等物覆盖容器

口，而没有接触到液体表面时，覆盖层与液体之间的空气内仍有一定的氧气能够维持燃烧，继续产生气体与热量，而这些气体与热量会因为容器被覆盖而扩散受阻，进而导致容器内压力不断上升而爆炸。

③在某些火灾场合使用泡沫灭火剂来覆盖着火物质也会扩大火灾事故，如氰化钠、氰化钾以及其他氰化物等，遇泡沫中酸性物质能生成剧毒气体氰化氢。爆炸品着火禁止使用酸碱泡沫灭火剂灭火，因为二者的化学反应会使爆炸更加剧烈。另外泡沫灭火剂中含有大量的水，所以，忌水性物质着火也不可以使用泡沫灭火剂。

④性质活泼金属如锂、钠、钾、镁、铝粉等，禁止使用二氧化碳灭火剂窒息灭火，因为它们能夺取二氧化碳中的氧，从而发生化学反应，加剧燃烧。

⑤采用稀有气体窒息灭火时，一定要保证充入燃烧区内稀有气体的数量，以迅速降低空气中氧的含量。

⑥在条件允许的情况下，为阻止火势迅速蔓延，为灭火战斗争取准备时间，可先采取临时性的封闭窒息措施，以降低燃烧强度，而后组织力量扑灭火灾。

⑦在采取窒息方法灭火以后，必须确认火已完全熄灭、温度下降，方可打开孔洞进行检查，严防因过早地打开封闭的房间或生产装置，而使新鲜空气流入燃烧区，引起复燃或烟雾气流中的不完全燃烧产物的爆燃，导致火势猛烈地发展。

(3) 隔离法灭火措施及其注意事项

1) 运用隔离法灭火时，可考虑选择以下措施：

①将火源附近的可燃、易燃、易爆和助燃物质，从燃烧区转移到安全地点。

②关闭阀门，阻止气体、液体流入燃烧区；排除生产装置、设备容器内的可燃气体或液体。

③设法阻拦流散的易燃、可燃液体或扩散的可燃气体。

④拆除与火源相邻的易燃建筑结构，形成防止火势蔓延的空间地带。

⑤用水流或爆破等方法封闭井口，扑救油气井喷火灾。

2）隔离法灭火时应注意如下问题：

①疏散出火场的可燃物可能夹带火种造成新的火场。如棉麻仓库红麻堆垛发生火灾，被疏散出来的红麻里因夹带的暗火阴燃导致临时堆垛起火，造成比主火场更大的损失。

②任何曾经卷入火中或暴露于高温下的有机过氧化物包件在隔离后，还会随时发生剧烈的分解，即使火已经扑灭，在包件未完全冷却之前也不应接近，应用大量水冷却以防止爆炸事故的发生。

③当可燃物料泄漏发生火灾时，无论使用何种灭火剂，都必须先切断气源或堵漏，如无可靠的断源、堵漏、倒液措施，便只能在水枪冷却下使其稳定扩散燃烧，不可贸然灭火。否则火焰扑灭后可燃物料继续泄漏，会形成更大范围内的可燃气体或蒸气与空气的混合物，产生这种情况是十分危险的，因为一旦再次燃烧、爆炸，其剧烈程度更大，破坏性更加严重。

④工厂发生气体泄漏类火灾，在关闭气路阀门前应确保容器内的压力要保持正压，以防止空气进入引起爆炸。

（4）化学抑制法灭火措施及其注意事项

采用干粉、卤代烷灭火剂灭火，就是抑制着火区内的燃烧的链式反应，减少自由基的灭火方法，灭火速度快，使用得当可有效地扑灭初期火灾，减少人员伤亡和财产的损失。

抑制法灭火属于化学灭火方法，灭火剂参加燃烧反应。但一些碱金属、碱土金属以及这些金属的化合物在燃烧时可产生高温，在高温下这些物质大部分可与卤代烷进行反应，使燃烧反应更加猛烈，故不能用卤代烷灭火剂进行扑救。

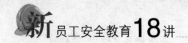

🎯 11.2 灭火剂

灭火剂是指能够有效地破坏燃烧条件，使燃烧中止的物质和材料。灭火剂对燃烧过程作用的机理、灭火剂的物理化学性质和性能，均是其使用中所必须掌握的知识。

灭火剂按应用状态大体可分为气体灭火剂、液体灭火剂、固体灭火剂和哈龙替代灭火剂。

11.2.1 气体灭火剂

气体灭火剂可分为二氧化碳灭火剂、氮气灭火剂、卤代烷灭火剂，如图11-1所示为充装了气体灭火剂的钢瓶组。

图11-1　气体灭火剂钢瓶组

（1）二氧化碳灭火剂

二氧化碳是目前广泛使用的灭火剂之一，适合扑救气体火灾，如甲、乙、丙类危险性液体火灾，电气设备、精密仪器、贵重设备火灾，图书、档案火灾和一般固体物质火灾。其缺点是灭火所需浓度大、高压储存的压力太高、低压储存时需要制冷设备、膨胀时产生静电放电等。

1）理化性质。二氧化碳是一种不燃烧、不助燃的气体。常温常压下，纯净的二氧化碳是一种无色、无味的气体，对空气的相对密度为1.52，比空气重，可有三种物理状态，即气态、液态和固态。

2）灭火原理。二氧化碳的灭火原理主要是其对燃烧的窒息作用。当燃烧区的含氧量低于12%或二氧化碳浓度达到30%～35%（体积百分比浓度）时，绝大多数的燃烧都会熄灭。由于二氧化碳本身具有毒性，因此主要适用于无人或人员较少且易快速逃生的场所。

3）应用范围。由于二氧化碳本身无腐蚀性、不导电，因此对绝大多数物质无破坏作用，灭火后能很快逸散，不留痕迹。

二氧化碳不适合扑救无空气仍能燃烧的化学物火灾、活泼金属火灾、内部阴燃纤维物火灾、能自燃分解过氧化物物质的火灾等。

注意：在使用液态二氧化碳灭火剂时，要有防冻伤的措施。

（2）氮气灭火剂

氮气作为气体灭火剂，主要用于变压器火灾扑救，以及作为气体灭火系统的加压气体。

1）理化性质。氮气是一种无色、无味、无毒、无腐蚀、不导电的不燃气体，其密度近似空气密度，相对分子质量为28，沸点为-195.8 ℃，气体密度（20 ℃）为1 251 kg/m^3。

2）灭火原理。对于大多数可燃物燃烧时，将氮气注入着火区域并且浓度达到35%～50%时，该区域中氧浓度将降至10%～14%，燃烧就会被惰化终止。

氮气在灭火过程中不会分解，没有分解产物，因此灭火过程洁净、不留痕迹，对仪器、设备无损害。

3）应用范围。适宜扑救地下、仓库、地铁、隧道、控制室、计算机机房、图书馆、通信设备、变电站、古迹文物等场所的火灾。尽管氮气来源广泛、价格低廉，但由于其需要降低着火区域氧含量来达到灭火目的，因此，主要适用于无人或人员较少且易快速逃生的场所。

（3）卤代烷灭火剂

1）理化性质。卤代烷（哈龙）是以卤素原子取代烷烃分子中的部分或全部氢原子后得到的一类有机化合物的总称。卤代烷灭火剂是卤代碳氢化合物，它具有灭火快、用量省、空间淹没好、洁净、不导电、储存期长等优点。目前，国内使用最多的卤代烷灭火剂有1211（二氟-氯-溴三烷，CF_2ClBr）、1301（三氟-溴甲烷，CF_3Br）、2402（四氯二溴乙烷，$C_2F_2Br_4$）。

2）灭火原理。卤代烷灭火剂是以液态充装在容器里，灭火时靠动力气体（氮气或二氧化碳）将卤代烷灭火剂喷射到燃烧区，由于燃烧高温的作用使卤代烷灭火剂中的卤素活性游离基分解出来，与燃烧所需的活性游离基—OH、—H等生成稳定的水分子或低活性游离基等，使燃烧过程中的链锁反应终止。

卤代烷灭火剂直接作用于燃烧的化学反应区最有效。由于中性气体和化学活性抑制剂以气态方式进行作用，而且气体总是均匀地散布到空间之中，所以灭火剂主要被用于扑救封闭的空间、建筑物、房间、构筑物等。卤代烷灭火器基本上是扑救房间内部火灾的固定装置，灭火时需要使其浓度达到或超过灭火浓度。同时，必须考虑到气体与燃烧产物通过密闭不严处的漏失量以及中性气体在被保护空间分布的不均衡性和其他因素等。某些卤代烃具有较高毒性（特别是其热解产物），所以不能作为灭火剂用于扑救火灾。

3）应用范围。卤代烷灭火剂适合扑救各种气体火灾、液体火灾和固体火灾以及带电火灾，但不适合扑救无空气仍能燃烧的化学物火灾、活泼金属火灾、内部阴燃纤维物火灾、能自燃分解过氧化物物质火灾等。

由于对大气臭氧层有破坏作用，因此占据气体灭火产品领域主导位置数十年的卤代烷灭火剂早已被规定禁止生产和使用。我国于2004年完全停止卤代烷灭火剂生产，并于2010年实现完全停止卤代烷灭火剂使用。目前，新研制的替代品主要有七氟丙烷、气溶胶、细水雾等。

11.2.2　液体灭火剂

（1）水灭火剂

纯净的水是无色、无味的透明液体。水在标准大气压（1.013×10^5 Pa），温度 0 ℃以下为固态，0～100 ℃之间为液态，100 ℃以上为气态。

1）灭火原理。水是最常用的灭火剂，据不完全统计，火灾中的80%是用水扑救的，水作为灭火剂除了具有随处可见并且获取简单的特点之外，作为灭火剂还具有以下主要特点：

①水具有冷却作用。水的热容量和汽化热很大，可以大量地吸收燃烧物的热量。

②水具有窒息作用。1 kg 水可以生成 1 700 L 水蒸气，大量水蒸气可以阻止空气进入燃烧区，从而降低氧气的含量，当空气中的水蒸气体积分数达到35%及以上时，燃烧就会终止。

③水还具有水力冲击作用。经射水器具（尤其是直流水枪）喷射形成的水流有很大的冲击力，密集水流可以有效地冲散火焰，使燃烧强度显著减弱，直至熄灭。

④水具有稀释作用。水本身是一种良好的溶剂，可以溶解水溶性甲、乙、丙类危险性液体，如醇、醛、醚、酮、酯等。因此，当此类物质起火后，如果容器的容量允许或可燃物料不会流散，可用水予以稀释，使燃烧减弱。

⑤水具有乳化作用。非水溶性可燃液体的初期火灾，在未形成热波之前，以较强的水雾射流（或滴状射流）灭火，可在液体表面形成"油包水"型乳液，乳液的稳定程度随可燃液体黏度的增加而增加，重质油品甚至可以形成含水油泡沫。水的乳化作用可使液体表面受到冷却，可燃气体的产生速率降低，致使燃烧中止。

2）应用范围。不同形态的水，如直流水、开花水（水滴直径大于 100 μm）和喷雾水（水滴直径为 100 μm 以下），灭火效果不同。直流水、开花水适合扑救一般固体火灾、阴燃物质火灾，喷雾水适合扑救电气火灾。但是，水不适合扑救遇水燃烧物质的火灾，不适合扑救不溶于水且比水密度小的液体火灾。

（2）泡沫灭火剂

凡能够与水预溶，并可通过机械方法或化学反应产生灭火泡沫的灭火剂均称为泡沫灭火剂。

1）分类。根据泡沫的生成机理，泡沫灭火剂可分为化学泡沫灭火剂和空气泡沫灭火剂。化学泡沫灭火剂能够产生二氧化碳，空气泡沫灭火剂主要产生空气。

按照发泡倍数，泡沫灭火剂可分为低倍数泡沫（20 倍以下）、中倍数泡沫（20~200 倍）、高倍数泡沫（200~1 000 倍）灭火剂。

其中，低倍数泡沫灭火剂按照发泡剂的类型和用途又可分为蛋白泡沫、氟蛋白泡沫、水成膜泡沫、抗溶性泡沫和合成泡沫灭火剂。

2）灭火原理。泡沫是一种体积较小，表面被液体包围的气泡群。由于泡沫密度小于一般可燃液体密度，因此可以浮于液体表面，形成泡沫覆盖层，使燃烧物表面与空气隔离。加上泡沫本身的黏性，可黏附于一般固体表面，具有冷却和稀释燃烧物的作用。

泡沫灭火剂适合扑救油类火灾，不适合扑救遇水燃烧物质的火灾。

11.2.3 固体灭火剂

固体灭火剂又称干粉灭火剂或化学粉末灭火剂，是一种干燥的易于流动的固体粉末，主要成分为碳酸氢钠、碳酸氢钾、磷酸二氢铵、硫酸钾、氯化钾等（又称为干粉灭火剂的基料）。干粉灭火剂可分为普通干粉灭火剂和多用干粉灭火剂。充装干粉灭火剂的手提式和推车式干粉灭火器如图 11-2 所示。

普通干粉灭火剂，又称 BC 灭火剂，用于扑救可燃液体火灾、

图 11-2　手提式和推车式干粉灭火器

可燃气体火灾和带电设备火灾，不适合扑救一般固体火灾。多用干粉灭火剂又称 ABC 灭火剂，用于扑救可燃液体火灾、可燃气体火灾和带电设备火灾，而且适用扑救一般固体火灾。

使用干粉灭火剂主要是利用其对燃烧有抑制作用的灭火原理。概括地讲，干粉粉粒与燃烧物接触时，把燃烧物中的活性基团—OH和—H 结合成不活泼的水，使燃烧过程中的活性基团不断消耗。所以，干粉的这种灭火作用又被称为化学抑制作用。

11.2.4　哈龙替代灭火剂

哈龙替代灭火剂主要有七氟丙烷灭火剂、气溶胶灭火剂等。

（1）七氟丙烷灭火剂

七氟丙烷是一种洁净气体，无色、无味、无毒、不导电、不污染被保护对象，特别是对大气臭氧层无破坏作用，符合环保要求，是卤代烷灭火剂在现阶段比较理想的替代物。该灭火剂的灭火效能高、速度快、无二次污染，充装的灭火器如图 11-3 所示。

1）理化性质。七氯丙烷的分子式为 CF_3CHFCF_3，相对分子质量为 170，沸点为 -16.4 ℃，蒸气压（20 ℃）为 0.391 MPa，液体

密度（20 ℃）为 1 407 kg/m³，饱和蒸气
密度（20 ℃）为 31.176 kg/m³，ODP 值
（臭氧消耗潜值）为 0。

图 11-3　七氟丙烷灭火器

2）灭火原理。作为灭火剂，七氟丙
烷的灭火过程要通过物相的改变，由液相
到气相再经分解来完成，其灭火是物理作
用和化学作用参半。其中，物理作用主要
是冷却；化学作用主要类似于卤代烷灭火
剂（哈龙）。但是七氟丙烷的卤素原子活
性基中以氟（—F）自由基半径最小，捕
捉燃烧中活性基—H、—OH 的能力低，加之产生 HF 稳定分子，不
像 HBr 有再次捕捉活性基—H、—OH 的作用，所起到的燃烧断链
作用小，故七氟丙烷的化学灭火作用低于哈龙。

3）应用范围。七氟丙烷灭火剂主要适用于保护数据中心、通信
设施、过程控制室、高价值工业设备区、图书馆、博物馆、美术馆、
易燃液体储存区等场所，但是不适合用于扑救活泼金属火灾以及金
属氧化物火灾。

（2）气溶胶灭火剂

1）气溶胶性质。气溶胶灭火剂是国际上近年来发展起来的一种
消防安全新材料，并逐步予以推广使用。我国在 20 世纪 60 年代中
期就开始了这种材料的研究，到 20 世纪 90 年代初期从俄罗斯引进
该项技术并予以消化，研制出了具有我国特色的气溶胶灭火剂及其
装置，后经不断改进提高，发展十分迅速。目前，气溶胶灭火剂技
术在我国正在不断地被推广和发展。由于气溶胶是一种有效、具有
最小影响的灭火剂，其系统简单、造价低廉、无腐蚀、无污染、无
毒无害、对臭氧层无损耗、残留物少，加上其具有高速高效、全淹
没全方位灭火、应用范围广等优点，因而已被众多专业人士认定为
哈龙产品的理想替代品。如图 11-4 所示为便携式气溶胶灭火器。

图 11-4　便携式气溶胶灭火器

在人们常见的物质三态（固体、液体、气体）之外还存在三类相对稳定的物质。以一种状态的物质为分散介质，另一种（或两种）状态的物质为分散相而组成的融合的物系，人们称之为溶胶，分为固溶胶、液溶胶和气溶胶。

气溶胶是指以固体或液体为分散相以气体为分散介质所形成的溶胶，也就是固体或液体的微粒（直径为 1 μm 左右）悬浮于气体介质中形成的溶胶。气溶胶与气体物质同样具有流动扩散特性及绕过障碍物淹没整个空间的能力，因而可以迅速地对被保护物进行全淹没方式防护。

气溶胶可分为分散相中固体微粒占绝大部分的固相气溶胶和液体微粒占绝大部分的液相气溶胶两大类。例如，常见的烟气类似于固相气溶胶，而雾则类似于液相气溶胶。

气溶胶的生成有两种方法：一种是物理方法，即采用将固体粉碎研磨成微粒再用气体予以分散形成气溶胶；另一种是化学方法，即通过固体的燃烧反应，使反应产物中既有固体又有气体，气体分散固体微粒形成气溶胶。

2）灭火机理：

①吸热分解的降温灭火作用。气溶胶中的固体微粒主要是金属

氧化物，进入燃烧区内，它们在高温下就会分解，其分解过程全是强烈的吸热反应，因而能大量吸收燃烧产生的热量，使火区温度迅速下降，致使燃烧过程中断，火焰熄灭。

②气相化学抑制作用。在上述分解反应中气溶胶微粒离解出的金属物质能以蒸气或阳离子的形式存在于燃烧区，在瞬间与燃烧产物中的活性基团—H、—OH 和氧发生多次链式反应。消耗和抑制燃烧过程中的活性基团之间反应，从而对燃烧反应起到抑制作用，实现灭火机能。

③固相化学抑制作用。在燃烧区内被分解和汽化的气溶胶的固体微粒只是一部分，未被分解和汽化的固体微粒因为其颗粒直径很小（1 μm 左右），具有很大的表面积，因而在与燃烧产物中的活性基团的碰撞过程中，被瞬时吸附并发生化学作用。由于反应的反复进行，能够起到消耗活性基团的目的，因此对燃烧链式反应起到抑制阻断作用，使燃烧终止。

④对于某些固体微粒含量较低的气溶胶，则是依靠其气体中含有较高比例的二氧化碳或氮气等气体和汽化水的物理窒息为主要灭火方式，气溶胶中含有少量的固体微粒（金属氧化物）则以上述三种方式作用，提高灭火效率，加快灭火速率。

气溶胶灭火剂按生成方式可以分为两种类型：一种是气溶胶释放前，气体分散介质与被分散介质是稳定存在的，气溶胶灭火剂的释放就是气体分散固体（或液体）形成气溶胶的过程；另一种是经过燃烧反应来释放气溶胶，反应产生物中既有固体（或液体）又有气体，气体分散固体（或液体）微粒而形成气溶胶，因而有人将其称为"气溶胶发生剂"。

（3）细水雾灭火剂

"细水雾"是相对于"水喷雾"的概念，是使用特殊喷嘴、通过高压喷水产生的水微粒。根据国家标准《细水雾灭火系统技术规范》（GB 50898—2013），细水雾被定义为：水在最小设计工作压力下，经喷头喷出并在喷头轴线下方 1.0 m 处的平面上形成的直径 $D_{v0.50}$ 小于 200 μm、$D_{v0.99}$ 小于 400 μm 的水雾滴。

1) 灭火原理。细水雾灭火系统成功的关键，是增加单位体积水微粒的表面积。水微粒子化以后，同样体积的水，总表面积增大。而表面积的增大更容易进行热吸收，冷却燃烧反应。吸收热的水微粒容易汽化，体积增大约 1 700 倍。由于水蒸气的产生，既稀释了火焰附近氧气的浓度，窒息了燃烧反应，又有效地控制了热辐射。可以认为，细水雾灭火具有高效率的冷却与缺氧窒息的双重作用。

2) 系统分类与选型。细水雾灭火系统按供水方式分为瓶组式细水雾灭火系统、泵组式细水雾灭火系统和其他供水方式细水雾灭火系统；按流动介质类型分为单流体细水雾灭火系统和双流体细水雾灭火系统；按系统工作压力分为高压细水雾灭火系统、中压细水雾灭火系统和低压细水雾灭火系统；按所使用的细水雾喷头型式分为闭式细水雾灭火系统和开式细水雾灭火系统；按系统应用方式分为全淹没细水雾灭火系统和局部应用细水雾灭火系统。

细水雾灭火系统选型应符合规定：液压站、配电室、电子信息系统机房、文物库，以及密集柜存储的图书库、资料库和档案库，宜选择全淹没应用方式的开式系统；油浸变压器室、涡轮机房、柴油发电机房、润滑油站和燃油锅炉房、厨房内烹饪设备及其排烟罩和排烟管道部位，宜采用局部应用方式的开式系统；采用非密集柜储存的图书库、资料库和档案库，可选择闭式系统。

🎯 11.3　常见灭火器及其使用

11.3.1　灭火器的类型

按充装灭火剂的种类不同，常用灭火器有水型灭火器、空气泡沫灭火器、干粉灭火器、二氧化碳灭火器、7150 灭火器。

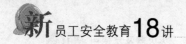

（1）水型灭火器

这类灭火器中充装的灭火剂主要是水，另外还有少量的添加剂。清水灭火器、强化液灭火器都属于水型灭火器，主要适用于扑救可燃固体类物质如木材、纸张、棉麻织物等的初期火灾。

（2）空气泡沫灭火器

这类灭火器中充装的灭火剂是空气泡沫液。根据空气泡沫灭火剂种类的不同，空气泡沫灭火器又可分为蛋白泡沫灭火器、氟蛋白泡沫灭火器、水成膜泡沫灭火器和抗溶泡沫灭火器等，主要适用于扑救可燃液体类物质如汽油、煤油、柴油、植物油、油脂等的初期火灾，也可用于扑救可燃固体类物质如木材、棉花、纸张等的初期火灾。但对如甲醇、乙醚、乙醇、丙酮等极性（水溶性）可燃液体的初期火灾，只能用抗溶性空气泡沫灭火器扑救。

（3）干粉灭火器

这类灭火器内充装的灭火剂是干粉，根据所充装的干粉灭火剂种类的不同，有碳酸氢钠干粉灭火器、钾盐干粉灭火器、氨基干粉灭火器和磷酸铵盐干粉灭火器。我国目前主要生产和使用碳酸氢钠干粉灭火器和磷酸铵盐干粉灭火器，其中，碳酸氢钠干粉灭火器适用于扑救可燃液体和气体类火灾，该类灭火器又称 BC 干粉灭火器；磷酸铵盐干粉灭火器适用于扑救可燃固体、液体和气体类火灾，该类灭火器又称 ABC 干粉灭火器。

（4）二氧化碳灭火器

这类灭火器中充装的灭火剂是加压液化的二氧化碳，主要适用于扑救可燃固体类物质和带电设备如图书、档案、精密仪器、电气设备等的初期火灾。

（5）7150 灭火器

这类灭火器内充装的是 7150 灭火剂（即三甲氧基硼氧六环），主要适用于扑救轻金属如镁、铝、镁铝合金、海绵状钛和锌等的初期火灾。

11.3.2 灭火器（剂）的选择

（1）A 类火灾

A 类火灾是普通可燃物如木材、布、纸、橡胶及各种塑料等燃烧引起的火灾。对 A 类火灾，一般可采取水型灭火器冷却灭火，但对于忌水物质，如布、纸等应尽量减少水渍所造成的损失。对于珍贵图书、档案资料等的火灾应使用二氧化碳灭火器、干粉灭火器灭火。

（2）B 类火灾

B 类火灾是油脂及液体如原油、汽油、煤油、酒精等燃烧引起的火灾。对 B 类火灾，应使用泡沫灭火器进行扑救，还可使用干粉灭火器、二氧化碳灭火器。

（3）C 类火灾

C 类火灾是可燃气体如氢气、甲烷、乙炔燃烧引起的火灾。对 C 类火灾，因气体燃烧速度快，极易造成爆炸，一旦发现可燃气体着火，应立即关闭阀门，切断可燃气体来源，同时使用干粉灭火器将气体燃烧火焰扑灭。

（4）D 类火灾

D 类火灾是可燃金属如镁、铝、钛、锆、钠和钾等燃烧引起的火灾。对 D 类火灾，因燃烧时温度很高，水及其他普通灭火剂在高温下会因发生分解而失去作用，所以应使用专用灭火器。金属火灾灭火剂有两种类型：一是液体型灭火剂；二是粉末型灭火剂。例如，用 7150 灭火剂扑救镁、铝、镁铝合金、海绵状钛等轻金属火灾，用原位膨胀石墨灭火剂扑救钠、钾等碱金属火灾。少量可燃金属燃烧时可用干沙、干的食盐、石粉等扑救。

（5）E 类火灾

E 类火灾为带电火灾。对物体带电燃烧的火灾，火灾时需坚持供电或断电扑救会造成更大损失的火灾，一般使用干粉、二氧化碳等不导电的灭火剂进行扑救。

（6）F类火灾

F类火灾是烹饪器具内的烹饪物（如动植物油脂）火灾。此类火灾在日常生活中较常见，一般用干粉灭火器扑救，或直接采用湿毛巾覆盖、锅盖覆盖等窒息灭火的方法。

11.3.3 常见灭火器的使用

（1）水型灭火器的使用

将清水或强化液灭火器提至火场，在距离燃烧物10 m处，将灭火器直立放稳。

1）摘下保险帽，用手掌拍击开启杆顶端的凸头。这时储气瓶的密膜片被刺破，二氧化碳气体进入筒体内，迫使清水从喷嘴喷出。

2）立即一只手提起灭火器，另一只手托住灭火器的底圈，将喷射的水流对准燃烧最猛烈处喷射。

3）随着灭火器喷射距离的缩短，使用者应逐渐向燃烧物靠近，使水流始终喷射到燃烧处，直到将火扑灭。

在喷射过程中，灭火器应始终与地面保持大致的垂直状态，切勿颠倒或横卧，否则，会使加压气体泄出而灭火剂不能喷射。

（2）空气泡沫灭火器的使用

使用时，手提空气泡沫灭火器提把迅速赶到火场。

1）在距燃烧物6 m左右，先拔出保险销，一手握住开启压把，另一手握住喷枪，压下开启压把，将灭火器密封开启，空气泡沫即从喷枪喷出。

2）泡沫喷出后对准燃烧最猛烈处喷射。如果扑救的是可燃液体火灾，当可燃液体呈流淌状燃烧时，喷射的泡沫应由远而近地覆盖在燃烧液体上；当可燃液体在容器中燃烧时，应将泡沫喷射在容器的内壁上，使泡沫沿壁覆盖可燃液体表面。应避免将泡沫直接喷射在容器内可燃液体表面上，以防止射流的冲击力将可燃液体冲出容器而扩大燃烧范围，增大灭火难度。

灭火时，应随着喷射距离的缩短，使用者逐渐向燃烧处靠近，并始终让泡沫喷射在燃烧物上，直至将火扑灭。在使用过程中，应紧压开启压把，不能松开。也不能将灭火器倒置或横卧使用，否则会中断喷射。

（3）二氧化碳灭火器的使用

二氧化碳灭火器的密封被开启后，液态的二氧化碳在其蒸气压力的作用下，经虹吸管和喷射连接管从喷嘴喷出。由于压力的突然降低，二氧化碳液体迅速汽化，但因汽化需要的热量供不应求，二氧化碳液体在汽化时不得不吸收本身的热量，结果一部分二氧化碳凝结成雪花状固体，温度下降至-78 ℃左右。所以，从灭火器喷出的是二氧化碳气体和固体的混合物。当雪花状的二氧化碳覆盖在燃烧物上时即刻升华，对燃烧物有一定的冷却作用。但二氧化碳灭火时的冷却作用不大，其主要是通过稀释空气，把燃烧区空气中的氧浓度降低到维持物质燃烧的极限氧浓度以下，从而使燃烧窒息。

1）手提式二氧化碳灭火器。使用时，手提灭火器的提把或把灭火器扛在肩上，迅速赶到火场。在距起火点大约5 m处放下灭火器。

①一只手握住喇叭形喷筒根部的手柄，把喷筒对准火焰，另一只手压下压把，二氧化碳就喷射出来。

②当扑救流淌液体火灾时，应使二氧化碳射流由近到远向火焰喷射，如果燃烧面积较大，操作者可左右摆动喷筒，直至把火扑灭。

③当扑救容器内火灾时，应从容器上部的一侧向容器内喷射，但不要使二氧化碳直接冲击到液面上，以免将可燃物冲出容器而扩大火灾。

2）推车式二氧化碳灭火器。一般应由两人操作。先把灭火器拉到或推到火场，在距起火点大约10 m处停下。

①一人迅速卸下安全帽，然后逆时针方向旋转手轮，把手轮开到最大位置。

②另一人则迅速取下喇叭喷筒，展开喷射软管后，双手紧握喷筒根部的手柄，把喇叭喷筒对准火焰喷射，其灭火方法与手提式灭火器相同。

手提式二氧化碳灭火器在喷射过程中应保持直立状态，切不可平放或颠倒使用；当没有戴防护手套时，不要用手直接握喷筒或金属管，以免被冻伤；在室外使用时应选择在上风方向喷射，否则，室外大风会将喷射的二氧化碳气体吹散，灭火效果减弱；在狭小的室内空间使用时，灭火后使用者应迅速撤离，以防发生二氧化碳窒息的意外伤害；室内火灾扑灭后，应先打开门窗通风，然后再进入。

（4）7150灭火器的使用

使用时，手提灭火器的提把迅速赶到火场，在距离燃烧物2 m左右处停下。

1）一只手紧握导管末端的提把，把喷雾头对准火焰中心。

2）另一只手拔出保险销，紧握提把，用力压下压把开关，灭火剂便在氮气压力作用下，沿虹吸管进入喷枪，从喷雾头喷射出来。

喷射时要前后移动喷雾头，从火焰上方将灭火剂均匀地喷洒在燃烧物表面上，使火焰熄灭；喷射时不能将喷嘴直接冲向燃烧着的金属，以防止其被吹散而扩大火势，影响灭火效果；灭火时，使用者应采取适当的防护措施，防止因金属爆燃而被烧伤。

第 *12* 讲

火灾扑救

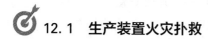

12.1 生产装置火灾扑救

12.1.1 扑救要点

（1）及时报警

火灾发生时，除装有自动报警系统的单位会自动报警外，还可使用手动报警系统、电话报警、直接派人去较近的消防队报警、大声呼喊等。总之，要因地制宜地采用各种方法迅速将发生火灾的情况告诉消防救援机构和本单位人员，即使在场人员认为有能力将火扑灭，仍应向消防救援机构报警。

（2）抢救伤员

火灾发生后，应尽快使受伤人员撤离事故现场，并进行必要的紧急处置，如进行止血包扎、人工呼吸等。可根据人员伤亡情况组成救援小组实施行动，利用直流水枪或喷雾水枪掩护，搜索被困人员，重点搜索压缩机房、仪器仪表室、生产控制室、油泵房里面或支撑装置的水泥构筑物的下面等。如果火势已经封锁救人途径时，要集中水枪，采取强行进攻、重点突破的方法施救。

（3）冷却防爆

冷却是扑救生产装置火灾中的着火设备，以及解除设备受火势威胁产生爆炸危险的最有效措施，特别是被火焰直接作用的压力设备等。目前，企业许多生产装置内部设置了稳高压消防水系统、固定水炮和消防箱等现场消防设施，这些设施操作简单，生产装置的操作员均可使用。所以，一旦发生火灾，操作员在报警的同时，要迅速启动生产装置上设置的水喷淋系统实施冷却，并立即利用就近的消防水炮、水枪对着火设备和受到火焰强烈辐射的设备、框架、管线、电缆等进行冷却，防止设备超温、超压或变形。

（4）采用工艺灭火措施

工艺灭火措施主要有关阀断料、开阀导流、火炬放空、搅拌灭火等。工艺灭火措施是不可替代的科学、有效的处置生产装置火灾的技术手段。

（5）阻止火势蔓延

对于物料泄漏流淌的生产装置火灾现场，应尽早组织人员用沙袋或水泥袋筑堤堵截或导流，或在适当地点挖坑以容纳导流的易燃可燃液体物料，防止燃烧液体向高温高压装置区蔓延，严防形成大面积流淌火或物料流入地沟、下水道引起大范围爆炸。对高大的塔、釜、炉等设备流淌火，应进行"立体型"冷却，组织内外截的强攻，必要时可注入稀有气体灭火。

12.1.2 注意事项

扑救生产装置火灾应注意下列问题：

（1）不可盲目灭火

若易燃可燃液体、气体只泄漏未着火时，应在做好防护和出水掩护、防止打出火花的情况下，先实施堵漏，后处理已泄漏的物料。如果易燃可燃液体、气体泄漏燃烧后，在无止漏把握的情况下，只能对着火和邻近的储罐、设备、管道实施冷却保护，切不可盲目灭火，否则会导致发生爆炸、复燃，造成人员窒息、中毒等伤害事故，引起更大的损失。

（2）不可盲目进攻

进入封闭的生产车间，要先在适当位置用直流或开花射流水喷射，破坏轰燃条件后再实施进攻。不要盲目实施灭火，进入灭火一线的人员要有经验，且要选好撤退的路线或隐蔽的位置，无关人员不准进入。

（3）充分发挥固定消防设施的功能

在安装有稳高压消防水系统、固定泡沫灭火系统等固定消防设施的场所，一定要发挥好固定水炮、泡沫炮的作用，同时，应从高压消火栓接出移动炮，对固定水炮达不到的地方进行冷却或扑救。

（4）防止复燃复爆

生产装置火灾应重视防止复燃复爆发生，对已经扑灭明火的装置必须继续进行冷却，直至达到安全温度。流淌火扑灭后，要注意冷却水对泡沫覆盖层的破坏，要根据情况及时复喷泡沫覆盖。对于被泡沫覆盖的可燃液体应尽快予以收集，防止复燃。要适时检测，严防溢流出的易燃液体挥发形成爆炸性气体混合物。

（5）重视防护

进入着火区域的人员应穿防火隔热服，保持皮肤不外露，防止被灼伤。进入有毒区域的人员，应根据毒物特点确定防护等级，视情况佩戴空（氧）气呼吸器等安全防护设备，防止中毒。在冷却和灭火时要注意后方保护，充分利用好地形地物，防止爆炸造成的伤害。在扑救生产装置火灾时，应尽可能地使用压力大、流量大的高压水枪、水炮，实施远距离射水灭火，在确认无爆炸危险时，才可以实施登高或近距离灭火。对于执行关阀、堵漏等危险性较大任务的人员和面对强辐射热的前沿阵地人员，应用开花或喷雾水流对其实施不间断的掩护，要对有毒气体、易燃易爆气体（液体蒸气）的浓度进行不间断的检测，以防止毒害物质和爆炸对人员造成伤害。生产装置火灾扑救过程中，要自始至终监视火场情况的变化（包括风向、风力变化，火势，有无爆炸、沸喷的征兆等）。当火场出现爆炸、倒塌等征兆时，应采取紧急避险措施。

（6）防止造成环境污染

灭火时，应加强对灭火现场形成的流淌水的管理，阻止流淌水未经处理直接流入雨水排水系统，造成环境污染。

🎯 12.2 气体或液化气泄漏火灾扑救

12.2.1 扑救要点

气体或液化气泄漏后遇着火源形成稳定燃烧时，其发生爆炸的危险性比泄漏但未燃时要小得多。根据气体或液化气火灾的特点，应采取如下扑救方法。

（1）控制火势蔓延，积极抢救人员

首先扑灭外围被着火源引燃的可燃物火势，切断火势蔓延的途径，控制燃烧范围，并积极抢救受伤和被困人员。如果附近有受到火焰辐射热威胁的压力容器，应尽量在水枪的掩护下将附近人员疏散到安全地带。

（2）关阀断气，创造有利的灭火条件

如果是输气管道泄漏着火，应设法找到气源阀门。阀门完好时，只要关闭气体的进出阀门，燃烧一般就会自动熄灭。在特殊情况下，只要判断阀门尚有效，可先扑灭燃烧，再关闭阀门。一旦发现阀门损坏关闭已无效，一时又无法堵漏时，应采取措施暂时保持稳定燃烧。

（3）冷却降温，防止物理爆炸

开启固定水喷淋系统，用水冷却正在燃烧的和与其相邻的储罐，对于火焰直接烧烤的罐壁表面和邻近罐壁的受热面，要加大冷却强度。必须保证充足的水源，充分发挥固定水喷淋系统的冷却保护作用。冷却降温要均匀，不要留下空白，避免物理爆炸事故发生。

（4）灭火堵漏，消除危险源

要抓住战机，适时实行强攻灭火。对准泄漏口处火焰根部合理进行交叉射水分隔、密集水流交叉射水，或对准火点喷射干粉、二氧化碳灭火剂，扑灭火焰。气体或液化气储罐或管道阀门处泄漏着火，且储罐或管道泄漏关阀无效时，应根据火势判断气体压力和泄漏口的大小及其形状，准备好相应的堵漏器材（如塞楔、堵漏气垫、黏合剂、卡箍工具等）。堵漏工作准备就绪后，即可实施灭火，同时需用水冷却烧烫的罐壁或管壁。火被扑灭后，应立即用堵漏材料堵漏，同时用雾状水稀释和驱散泄漏出来的气体或液化气。如果确认泄漏口非常大，根本无法堵漏，则需冷却着火容器及其周围容器和可燃物品，控制着火范围，直到燃气燃尽，火势自动熄灭。

（5）实施现场监控，防止爆炸和复燃

现场扑救人员应注意各种爆炸危险征兆，遇有燃烧的火焰由红变白、光芒耀眼，燃烧处发出刺耳的呼啸声，罐体抖动，排气处、泄漏处喷气猛烈等，火场指挥与扑救人员应作出是否会发生爆炸的判断，以及时作出撤退决定，避免造成人员伤亡。

12.2.2　注意事项

扑救气体或液化气泄漏火灾应注意如下事项：

（1）查明情况，采取措施

根据泄漏是否着火采取相应的措施，防止盲目进入气体或液化气泄漏区域。根据泄漏的部位，判断是储罐泄漏，还是管线泄漏，并携带相应的堵漏器材。要根据泄漏点缺口形状决定堵漏材料：缺口为圆形时，可用尖木料堵塞；泄漏口为较长的带状时，应选择棉被、石棉被、加压气垫或汽车橡胶内胎等较平展的物品作垫，用安全绳、铜丝、石棉绳等加固，再使用给加压气垫或汽车橡胶内胎充气的方法堵漏；泄漏点为环状时，可用石棉绳、棉布条等进行缠绕堵漏；泄漏点为不规则的形状时，可用密封胶填塞，再用绷带、石棉绳加固的方法进行堵漏。

液化气的泄漏应首先判断漏气和漏液两种情况：漏气时，液化气不再从空气中吸收热量，所以不会形成白雾；漏液时，由于漏出的液体在罐外汽化吸热，使环境温度迅速下降，空气中的水分凝固形成一片白茫茫的雾气，同时泄漏点会出现结冰现象。一般来说，漏气比漏液的危险性小，因为当液化气系统发生漏气时，液化气在系统内汽化吸热，使系统内温度下降，压力也随之下降，有利于堵漏抢险作业。而漏液时液化气在系统外汽化吸热，系统内的压力和温度均没有下降，不利于堵漏作业。发生漏气和漏液时的堵漏方法也不同，漏液时可使用冻结的方法堵漏而漏气时则不能。

（2）安全防护，必须到位

接近燃烧区域的人员要穿防火隔热服，佩戴空气呼吸器或正压式氧气呼吸器等安全防护设备，防止高温、热辐射灼伤和中毒。气体或液化气发生泄漏事故，消防车应布置在离罐区 150 m 的上风方向和侧风方向，车头朝向便于撤退的方向，抢险救援应当选择从泄漏点的上风方向和地势较高方向接近。在此方向上，爆炸危险区和伤害区半径小，而下风方向和地势较低方向爆炸危险区和伤害区半径大。水枪阵地要选择在靠近掩蔽物的位置，尽可能避开地沟、下水井的上方和着火架空管线的下方。进行冷却的人员应尽量采用低姿射水或利用现场坚实的掩蔽体防护。在卧式罐起火时，冷却人员应尽量避开封头位置，选择储罐四侧角作为射水阵地，防止爆炸时封头飞出伤人。冷却和灭火的水枪阵地，应当设置后排水枪保护。

（3）检测气体，防止爆炸

在火灾扑救中，要对燃烧区域外的储罐、钢瓶、管线等进行检测。在火灾扑救没有结束之前，必须坚持连续不断地检测。当储罐、钢瓶、管线的火灾被扑灭后，即使泄漏已经被制止，仍要继续检测。检测的主要部位是泄漏的部位，储罐、管线阀门处，火场的低洼处，墙角、背风以及下水道井盖处等。

（4）实施堵漏，安全可靠

在抢险救援过程中，堵漏作业一定要抓紧时间在白天进行，以免照明灯具、开关等点燃气体或液化气。堵漏时要停止其他作业，因为其他作业不仅可能产生点火源引发爆炸，而且增加了警戒区的工作难度。在扑救液化气火灾和堵漏中，由于液化气泄漏时快速汽化，吸收周围大量的热，会在气体扩散源附近形成冷地带，因此堵漏人员要做好防冻措施，防止液体直接喷溅到皮肤上，造成人员冻伤。另外，要防止液体溅入眼内。

（5）无法堵漏，严禁灭火

在不能有效地制止气体或液化气泄漏的情况下，严禁将正在燃烧的储罐、钢瓶、管线泄漏处的火势扑灭。即使在扑救周围火势以及冷却过程中不小心把泄漏处的火焰扑灭了，在没有采取堵漏措施的情况下，必须立即用长点火棒将火点燃，使其恢复稳定燃烧。否则，大量可燃气体或液化气泄漏出来与空气混合，遇到着火源就会发生复燃复爆，造成更严重的危害。

12.3 易燃液体泄漏火灾扑救

12.3.1 扑救要点

液体一旦发生泄漏或溢出，都将顺着地面（或水面）飘散流淌，而且易燃液体因其密度和水溶性等问题，在燃烧时还涉及能否用水和普通泡沫扑救的问题，以及危险性很大的沸溢和喷溅问题。

（1）切断火势蔓延途径，控制燃烧范围

首先应切断火势的蔓延途径，冷却和疏散受火势威胁的压力容器或密闭容器和可燃物，控制燃烧范围，并积极抢救受伤和被困人员。对于泄漏液体流淌火灾，应筑堤（或用围栏）拦截飘散流淌的易燃液体或挖沟导流；封闭工艺流槽，并用填沙土的方法封闭污水井。对受热辐射强烈影响区域的装置、设备和框架结构应加以冷却保护，防止其受热变形或倒塌；开阀将着火或受威胁装置、设备和管道中的可燃液体导流至安全储罐。在蒸气扩散有爆炸危险的区域内，应立即停止用火作业和消除其他可能的着火源。

（2）根据火情，采取针对性的灭火方法

1）易燃液体储罐泄漏着火，在把火势切断蔓延途径限制在一定范围内的同时，应迅速准备好堵漏工具，然后先用泡沫、干粉、二氧化碳或雾状水等扑灭地上的流淌火焰，为堵漏扫清障碍，然后再扑灭泄漏口的火焰，并迅速采取堵漏措施。

2）对大面积地面流淌性火灾，应采取围堵防流、分片消灭的灭火方法；对大量的地面重质油品火灾，可视情况采取挖沟导流的方法，将油品导入安全的指定地点，再利用干粉或泡沫一举扑灭；对暗沟流淌火，可先将其堵截住，然后向暗沟内喷射高倍数泡沫，或采取封闭窒息等方法灭火。

3）对于固定灭火装置完好的燃烧罐（池），应及时启动灭火装置实施灭火。对固定灭火装置被破坏的燃烧罐（池），可利用泡沫管枪、移动泡沫炮、泡沫钩管进攻或利用高喷车、举高消防车喷射泡沫等方法灭火。

4）对于在油罐的裂口、呼吸阀、量油口或管道等处形成的火炬型燃烧，可用覆盖物如浸湿的棉被、石棉被、毛毯等覆盖火焰窒息灭火，也可用直流水冲击灭火或喷射干粉灭火。

5）对于原油和重油等具有沸溢和喷溅危险的液体火灾，如果有条件，可采取排放罐底积水以防止发生沸溢和喷溅。在灭火的同时必须注意观察火场情况变化，及时发现沸溢、喷溅征兆，迅速作出正确判断，及时撤退人员，避免造成伤亡和损失。

6）对于水溶性的液体如醇类、酮类等火灾，应使用抗溶性泡沫扑救。用干粉扑救时，灭火效果要视燃烧面积大小和燃烧条件而定，同时需用水冷却罐壁。

（3）充分冷却，防止复燃

燃烧罐的火灾被扑灭后，要继续保持对罐壁的冷却，直至使易燃液体的温度降到其燃点以下为止，并保持液面的泡沫覆盖。对于地面液体流淌火，在火灾被扑灭后，液面仍需维持泡沫的覆盖，直到采取现场清理措施。

12.3.2 注意事项

（1）对较大的储罐或流淌火灾，应准确判断着火面积

小面积（一般指 50 m² 以内）液体火灾，可用雾状水扑灭，用泡沫、干粉、二氧化碳灭火剂更有效。大面积液体火灾则必须根据其相对密度、水溶性和燃烧面积大小，选择正确的灭火剂扑救。比水轻又不溶于水的液体（如汽油、苯等），用直流水、雾状水灭火往往无效，可用普通蛋白泡沫或轻水泡沫灭火。比水重又不溶于水的液体起火时可用水扑救，因为水能覆盖在液面上灭火，用泡沫也有效。具有水溶性的液体（如醇类、酮类等），虽然从理论上讲能用水稀释扑救，但实践中容易使液体溢出流淌，而普通泡沫又会受到水溶性液体的破坏，因此，最好用抗溶性泡沫扑救。

（2）防毒

扑救毒害性、腐蚀性或其燃烧产物毒害性较强的易燃液体火灾，扑救人员必须佩戴防护面具，做好防毒措施。

（3）堵漏

遇易燃液体管道或储罐泄漏着火，在把火势限制在一定范围内的同时，应设法找到并关闭进、出阀门，如果管道阀门已损坏，应迅速采取堵漏措施。与气体泄漏堵漏不同的是，液体泄漏一次堵漏失败，可连续堵几次，但需要用泡沫覆盖地面并控制好周围着火源。

12.4 电气线路和设备火灾扑救

12.4.1 扑救要点

带电电气线路或设备起火后，电力线路燃烧易形成一条快速蔓

延的"火龙",并发出强烈耀眼的弧光。例如,油浸电力变压器或油开关由于在高温或电弧作用下发生爆炸还会引起绝缘油外溢或飞溅,会使火势在瞬间蔓延扩大。

(1) 断电灭火方法

当扑救人员的身体或所使用的消防器材接触或接近带电部位,或在冷却和灭火中用直流水柱、喷射出的泡沫等射至带电部位,电流会通过水或泡沫导入扑救人员的身体,容易发生触电事故。为了防止在扑救火灾过程中发生触电事故,首先应禁止无关人员进入着火现场,特别是对于有电线落地已形成了跨步电压或接触电压的场所,一定要划分出危险区域,并设有明显的警示标志并由专人看管。同时,要与生产调度、电工技术人员合作,在允许断电时要尽快设法切断电源,为扑救火灾创造安全的环境。

(2) 带电灭火方法

当电气线路或设备发生火灾后,因火场情况紧急,或生产的连续性需要,或其他原因而无法切断电源的情况下,需要带电灭火。带电灭火必须在防止触电的前提下,实施有效的扑救措施。

1) 用灭火器实施带电灭火。对于初期带电设备或线路火灾,应使用二氧化碳或干粉灭火器进行扑救。扑救时应根据着火电气线路或设备的电压,确定扑救最小安全距离,在确保人体、灭火器的筒体(喷嘴)与带电体之间距离不小于最小安全距离的要求下,操作人员应尽量从上风方向施放灭火剂实施灭火。

2) 用固定灭火系统实施带电灭火。生产装置区、库区、装卸区和变、配电所等部位的二氧化碳、干粉固定灭火装置,以及雾状水等固定或半固定的灭火装置,可以直接用于带电灭火。

3) 用水实施带电灭火。因水能导电,用直流水柱近距离直接扑救带电的电气设备火灾,扑救人员会有触电的危险,因此,只有充分做好灭火人员防触电措施的情况下,才能用水实施带电灭火。

12.4.2 注意事项

用水实施带电灭火时，为了确保人员的安全，可采取如下安全措施：

（1）个人防护

1）扑救人员必须穿戴绝缘胶靴、绝缘手套，必要时应穿均压服。

2）在金属水枪的喷嘴上安装接地线。接地线可用截面为 $5 \sim 10 \ mm^2$、长 $20 \sim 30 \ m$ 的铜绞线；接地棒可用长 $1 \ m$ 以上，直径 $50 \ mm$ 的钢管或 $50 \ mm \times 50 \ mm$ 的角钢钉入地下 $0.5 \ m$，接地处可倒入盐水或普通水以增加导电性。也可利用附近的避雷针引下线、自来水铁管、金属暖气管、电线杆拉线等作为接地装置。

3）使用铜网格作为接地板。铜网格用粗铜线编制而成，面积至少为 $0.6 \ m \times 0.6 \ m$，用接地线与金属水枪喷嘴和铜网格接地板连接，根据电压高低选好安全距离，水枪射手在接地板上站好后，方可射水扑救火灾。

4）采用喷雾水流。用喷雾水流进行带电灭火时，只要根据电压高低选好安全距离（最好超过 $3 \ m$），水枪可以不用接地线，直接带电灭火。

5）采用充实水柱。在运用充实水柱带电灭火时，水枪喷嘴与带电体的距离应根据带电体电压高低，保持在相应最小安全距离以外，最好使用小口径水枪，采取点射射水灭火，或使水流向斜上方喷射，使水断续地呈抛物线形状落于火点。

（2）带电灭火时的注意事项

1）水枪喷嘴与带电体之间要保持安全距离。

2）使用直流水枪灭火时，如听到放电声或发现放电火花、有电击感时，应采取卧姿射水，将水带与水枪的连接处的金属触地，以防触电伤人。

3）对架空带电线路进行灭火时，灭火人员至带电体的水平距离应大于带电体距地面的垂直高度，以防导线断落等危及灭火人员的安全。如果电线已断落，应划出 8~10 m 警戒区，并禁止人员入内。

4）在带电灭火过程中，没有穿戴防电用具的人员，不准接近燃烧区，以防地面积水导电伤人。火灾扑灭后，如果设备仍有电压时，要求所有人员均不得接近带电设备和积水地区，以防止发生触电事故。

🎯 12.5　管道系统火灾扑救

生产管道布置纵横交错，种类繁多，被输送介质的理化性质多样，系统接点多，火灾爆炸事故发生率高。管道发生火灾爆炸事故，容易沿着管道系统扩展蔓延，使事故范围和损失迅速扩大。

12.5.1　可燃液体管道火灾扑救

液体管道物料因腐蚀穿孔、垫片损坏、管线破裂等引起泄漏，被引燃后，着火物料在管道内液压的作用下向四周喷射，对邻近设备和建筑物造成很大威胁。扑救这类火灾，应首先关闭输液泵、阀门，切断向着火管道输送的物料。然后采取挖坑筑堤的方法，限制着火液体物料流窜，防止蔓延。单根输液管线发生火灾，用直流水枪、泡沫、干粉等灭火，也可用沙土等掩埋扑灭。若同一地方铺设多根管线，其中一根破裂，漏出可燃液体并形成火灾时，火焰及其辐射热会使其他管线失去机械强度，并因管内液体或气体膨胀发生破裂，漏出物料，导致火势扩大。因此，要加强着火管道及其邻近管道的冷却。对空间管道流淌火，因其易形成立体或大面积燃烧，可从管道的一端注入水蒸气吹扫，或注入泡沫、水进行灭火。若油管裂口处形成火炬式稳定燃烧，应用交叉水流，先在火焰下方喷射，然后逐渐上移，将火焰割断扑灭。若输油管线附近有灭火蒸汽接管，也可采用蒸汽灭火。

12.5.2　可燃气体管道火灾扑救

可燃气体管道发生火灾时，不要急于灭火，应以防止蔓延和防止发生二次灾害为重点。应在落实关闭进气阀门或堵漏措施后，才可灭火。阀门受火势直接威胁，无法关闭时，首先应冷却阀门，在保证阀门完好的情况下，再行灭火。同时，应掌握时机，选择在火焰由高变低、声音由大变小，即压力降低的有利条件下灭火，灭火后迅速关闭阀门，并使用蒸汽或喷雾水稀释和驱散余气。气体火灾，可选择水、干粉、蒸汽等灭火剂。灭火后对容器、管道要继续射水，以便驱散周围可燃余气。如扑救有毒的可燃气体火灾，消防员必须佩戴防毒面具。

12.5.3　气流输送、通风、空调、除尘管道火灾扑救

工厂着火后，火苗有可能很快窜入气流输送、通风、空调、除尘管道，并沿其蔓延扩大，因此必须截击阻止，消除余火，防止其流窜。

（1）火苗吸入物料输送风道

立即停止操作生产设备，关闭输送风机和风道阀门，将火焰控制在风道的局部范围，制止其蔓延。打开输送风道的旁通漏斗，设法将着火物料引出，就地彻底扑灭。着火物料难以取出的，应根据发烟浓度、管壁温度，判明大致燃烧范围，破拆风道，强行清理，或用水枪深入风道灌注灭火。

（2）火苗窜入吸尘管道

在生产过程中产生的火花或火苗，通过设在生产设备上的除尘装置吸入地沟、地面除尘管道时，应立即停止局部区域的吸尘风机，关闭局部除尘管道的阀门，尽量将火苗控制在局部区域内。查明火点位置，将着火物料粉尘通过旁通管引出清除，并就地扑灭。设有火星自动探除器的，要启动火星自动探除器，及时导出火星，并消

灭余火。难以清除着火物料粉尘时，要破拆吸尘管道，清除着火物料粉尘，防止火苗窜入邻近吸尘管道和除尘室，导致燃烧范围扩大。

（3）火苗窜入空调管道

及时关闭局部空调设备和防火阀门，控制燃烧范围。先破拆空调管道的保温层，通过烟雾浓度、管道温度、管道颜色变化，确定火点位置，在起火点两端，分别用金属切割设备拆开空调管道。用水枪消灭管道内火焰，同时冷却降低空调管道温度。火点被扑灭后，要清理出燃烧过的棉絮等物品。燃烧范围大、火点多时，要多点同时破拆，逐点消灭，不留死角。

12.5.4　下水道、管沟火灾扑救

企业生产往往要消耗大量工业用水，需排放或送往净化处理设备设施的污水量很大，污水中经常混杂有易燃易爆或有毒的物质；装置或设备若发生泄漏，可燃蒸气易在下水道、管沟等低洼地方聚集，遇到明火即会发生爆炸或燃烧。污水管网一般遍及全企业区，一旦着火，易蔓延成灾。扑救下水道、管沟火灾的方法为：用湿棉被、沙土、堵塞气垫、水枪等卡住下水道和管沟两头，防止火势向外蔓延。若是暗沟，可分段堵截，然后向暗沟喷射高倍数泡沫或采取封闭窒息等方法灭火。火势较大时，应冷却保护邻近的物资和设施，用泡沫或二氧化碳灭火。若油料流入江河，则应在水面进行拦截，把火焰压制到岸边安全地点后用泡沫灭火。

🎯　12.6　危险化学品火灾扑救

12.6.1　扑救要点

（1）设置警戒线

危险化学品事故现场情况复杂，必须实施警戒，并及时疏散危

险区域内的人员。根据仪器检测结果和现场气象情况，确定警戒区域，划定警戒范围。要在适当地方设置明显的警戒线。

（2）选择适当的处置方法，防止盲目施救

危险化学品种类繁多，各种危险化学品有各自的危险特性，处置方法也不同，所以，发生危险化学品运输事故首先一定要弄清楚危险化学品的品种和危险性，再根据事故现场情况，选择适当的处置方法。如果没有妥善的处置方法以及必要的防护设备，就不能贸然处置危险化学品事故特别是火灾爆炸事故，否则会造成人员伤害事故。

（3）正确选用灭火剂

在扑救危险化学品火灾时，应正确选用灭火剂，积极采取针对性的灭火措施。大多数易燃、可燃液体火灾都能用泡沫灭火剂扑救。其中，水溶性的有机溶剂火灾应使用抗溶性泡沫扑救，如醚、醇类火灾，可燃气体火灾可使用二氧化碳、干粉等灭火剂扑救，有毒气体和酸、碱液可使用喷雾、开花射流水或设置水幕进行稀释。遇水燃烧物质如碱金属或碱土金属火灾、遇水反应物质如乙硫醇、乙酰氯等，应使用干粉、干沙土或水泥粉等覆盖灭火。粉状物品，如硫黄粉、粉状农药等，不能用强水流冲击，可用雾状水扑救，以防发生粉尘爆炸，扩大灾情。

（4）控制和消除引火源

大多数危险化学品都具有易燃易爆性，现场处置中若遇引火源，发生燃烧爆炸，对现场人员、周围群众、设施都会造成严重危害，也给事故处置增加难度。如果处置的危险化学品是易燃易爆物品，现场和周围一定范围内要杜绝火源，所有电气设备都应关掉，进入警戒区的消防车辆必须带阻火器。现场上空的电线应断电，固定电话、手机等通信工具也要关闭，防止电火花引燃引爆可燃气体、可燃液体的蒸气或可燃粉尘。堵漏或现场操作中应使用无火花处置工具。

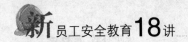

（5）清理和洗消现场

危险化学品火灾被扑灭后，要对事故现场进行彻底清理，防止因某些危险化学品没有清理干净而导致复燃，并对火灾现场及参与火灾扑救的人员、装备等实施全面洗消。对现场进行再次检测，确保现场残留毒物达到安全标准后，再解除警戒。

12.6.2 注意事项

在处置危险化学品火灾时，应注意以下几个问题：

（1）救援人员应注意自身安全

进入危险区域的救援人员的个人防护要充分，穿着防化服，遵守毒区行动规则，不得随意解除防护装备，不得随意坐下或躺下，不得在毒区进食和饮水等。扑救无机毒品中的氰化物、硫、砷和硒的化合物及大部分有机毒品火灾时，应尽可能站在上风方向，并佩戴防毒面具。

（2）注意环境保护

在处置泄漏的危险化学物料时，能回收的要尽量回收，不能回收的要防止泄漏物料流入河道。若已流入河道，要采取相应措施进行消毒，并对污染河道进行连续、多点位、多层面的监测，既要做定性检测，又要做定量检测。同时要通报沿河群众、下游城市有关部门不要取用河水，密切关注污染水流情况。对受污染的土壤使用机械挖掘清除，并在安全地带采取焚烧或其他物理、化学方法进行安全处置。对于稀释过程产生的大量污染水也应尽可能地收集到一处，以便集中处理。

🎯 12.7 人体着火扑救

人体着火多数是由于工作场所发生火灾、爆炸事故或扑救火灾引起的，也有因用汽油、苯、酒精、丙醇等易燃油品和溶剂擦洗机械或衣物，遇到明火或静电火花而引起的。当人体着火时应采取如下扑救措施：

（1）若衣服着火又不能及时扑灭，则应迅速脱掉衣服，防止烧伤皮肤。若来不及或无法脱掉应就地打滚，用身体压灭火焰。切记不可跑动，否则风助火势会造成严重后果。就地用水灭火效果会更好。

（2）如果人体溅上油类而着火，其燃烧速度很快。人体的裸露部分，如手、脸和颈部最容易被烧伤。此时因疼痛难忍，一般就会本能地以跑动试图逃脱。在场的人应立即制止其跑动，将其扑倒，用石棉布、棉衣、棉被等物覆盖灭火，用水浸湿后覆盖效果更好。用灭火器扑救时，不要对着人员脸部喷射灭火剂。

第 *13* 讲

职业病概述

🎯 13.1 职业病及其分类

13.1.1 职业病的概念

（1）职业病的定义

当职业病危害因素作用于人体的强度与时间超过一定限度时，人体不能代偿其所造成的功能性或器质性病变，从而出现相应的临床征兆，影响劳动能力，就会产生职业性相关疾病。《职业病防治法》中对职业病作出了明确的定义，职业病是指企业、事业单位和个体经济组织等用人单位的劳动者在职业活动中，因接触粉尘、放射性物质和其他有毒、有害因素而引起的疾病。这个定义明确了职业病的病因指的是对从事职业活动的劳动者可能导致职业病的各种职业病危害因素。

职业病是一种人为的疾病。它的发生率或患病率的高低，直接反映疾病预防控制工作的水平。世界卫生组织对职业病的定义，除医学的含义外，还赋予立法意义，即由国家所规定的"法定职业病"。

（2）法定职业病的条件

法定职业病必须具备四个条件：

1）病人主体仅限于企业、事业单位和个体经济组织等用人单位的劳动者。

2）必须是在从事职业活动的过程中产生的。

3）必须是因接触粉尘、放射性物质和其他有毒、有害物质等职业病危害因素引起的。

4）必须是列入国家规定的职业病范围的。

在我国，依据《职业病防治法》，职业病的分类和目录由国务院卫生行政部门会同国务院劳动保障等行政部门制定、调整并公布，现行的《职业病分类和目录》（国卫疾控发〔2013〕48号）中规定的职业病共10类132种。

根据《工伤保险条例》第十四条第四款的规定，患职业病的应当被认定为工伤。患职业病的工伤职工，在治疗和休息期间及在鉴定伤残等级或治疗无效死亡时，均应按有关规定给予相应工伤保险待遇。

13.1.2　职业病的特点

国内外职业病防治医学专家对职业病的特点已取得如下共识：

（1）病因明确

职业病的病因是明确的，即由于劳动者在职业活动过程中长期受到来自化学的、物理的、生物的职业病危害因素的侵害，或长期受不良的作业方法、恶劣的作业条件的影响。这些因素的侵害及影响对职业病的起因，直接或间接地、个别或共同地发生作用，如职业性苯中毒是劳动者在职业活动中接触苯引起的，尘肺（肺尘埃沉着病的简称）是劳动者在职业活动中吸入相应的粉尘引起的。

（2）疾病发生与劳动条件密切相关

职业病的发生与生产环境中有害因素的数量或强度、作用时间、劳动强度及个人防护等因素密切相关。如急性中毒的发生，多由短期内大量吸入毒物引起；慢性职业中毒，则多由长期吸收较小量的毒物蓄积引起。

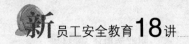

（3）与职业病危害因素浓度或强度有关

职业病病人所接触的病因大多是可以检测的，而且其浓度或强度需要达到一定的程度，才能使劳动者致病，一般职业病危害因素的浓度或强度与病因有直接关系。

（4）缓发性

职业病不同于突发性事故或疾病，其病症要经过一个较长的逐渐形成期或潜伏期后才能显现，属于缓发性伤残。

（5）群体性

职业病具有群体性发病特征，在接触同样职业病危害因素的人群中，多是同时或先后出现一批相同的职业病病人，很少出现仅有个别人发病的情况。

（6）潜在损伤性

由于职业病多表现为体内器官或生理功能的损伤，因而是只见"病症"，不见"伤口"。

（7）可治疗性

大多数职业病如能早期诊断、及时治疗、妥善处理，则预后较好。但有的职业病如尘肺病、金属及其化合物粉尘沉着病属于不可逆性损伤，很少有痊愈的可能，迄今为止所有治疗方法均无明显效果，只能对症处理、减缓进程，故发现越晚疗效越差。

（8）可预防性

除职业性传染病外，仅治疗个体并不能有效控制人群发病，必须有效"治疗"有害的工作环境。从病因上来说，职业病是完全可以预防的。发现病因，改善劳动条件，控制职业病危害因素，即可减少职业病的发生，故职业病防治工作必须强调"预防为主、防治结合"。

（9）个体差异性

在同一生产环境中从事同一工种的人，发生职业性损伤的概率和程度也有差别。

（10）范围日趋扩大

随着经济社会的发展，越来越多新的职业性疾病将被发现，所以职业病分类和目录将被逐步调整完善。

13.1.3 职业病分类

随着经济的发展和科技的进步，各种新材料、新工艺、新技术的不断出现，职业病危害因素的种类越来越多，出现了一些过去未曾见过或很少见过的职业性疾病，从而导致了职业病的范围越来越广。因此，国家对法定职业病的范围不断进行修订：1957 年 2 月 28 日颁发了《关于试行〈职业病范围和职业病患者处理办法的规定〉的通知》规定了 14 种法定职业病；1987 年发布《职业病范围和职业病患者处理办法的规定》（国卫防字〔1987〕60 号）将职业病修订为 9 类 99 种；2002 年发布的《职业病诊断与鉴定管理办法》（卫生部令第 24 号），将职业病修订为 10 类 115 种。目前，根据原国家卫生和计划生育委员会、原国家安全生产监督管理总局、人力资源和社会保障部和中华全国总工会 2013 年 12 月 23 日联合发布的《职业病分类和目录》（国卫疾控发〔2013〕48 号），职业病共分为 10 类 132 种，具体如下：

（1）职业性尘肺病及其他呼吸系统疾病（19 种）

1）尘肺病（13 种）：矽肺、煤工尘肺、石墨尘肺、碳黑尘肺、石棉肺、滑石尘肺、水泥尘肺、云母尘肺、陶工尘肺、铝尘肺、电焊工尘肺、铸工尘肺以及根据《尘肺病诊断标准》［GBZ 70—2009，现为《职业性尘肺病的诊断》（GBZ 70—2015）］和《尘肺病理诊断标准》［GBZ 25—2002，现为《职业性尘肺病的病理诊断》（GBZ 25—2014）］可以诊断的其他尘肺病。

2）其他呼吸系统疾病（6 种）：过敏性肺炎、棉尘病、哮喘、金属及其化合物粉尘肺沉着病（锡、铁、锑、钡及其化合物等）、刺激性化学物所致慢性阻塞性肺疾病和硬金属肺病。

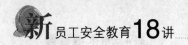

（2）职业性皮肤病（9种）

职业性皮肤病包括接触性皮炎、光接触性皮炎、电光性皮炎、黑变病、痤疮、溃疡、化学性皮肤灼伤、白斑以及根据《职业性皮肤病的诊断总则》（GBZ 18—2013）可以诊断的其他职业性皮肤病。

（3）职业性眼病（3种）

职业性眼病包括化学性眼部灼伤、电光性眼炎、白内障（含放射性白内障、三硝基甲苯白内障）。

（4）职业性耳鼻喉口腔疾病（4种）

职业性耳鼻喉口腔疾病包括噪声聋、铬鼻病、牙酸蚀病和爆震聋。

（5）职业性化学中毒（60种）

职业性化学中毒包括铅及其化合物中毒（不包括四乙基铅），汞及其化合物中毒，锰及其化合物中毒，镉及其化合物中毒，铍病，铊及其化合物中毒，钡及其化合物中毒，钒及其化合物中毒，磷及其化合物中毒，砷及其化合物中毒，铀及其化合物中毒，砷化氢中毒，氯气中毒，二氧化硫中毒，光气中毒，氨中毒，偏二甲基肼中毒，氮氧化合物中毒，一氧化碳中毒，二硫化碳中毒，硫化氢中毒，磷化氢、磷化锌、磷化铝中毒，氟及其无机化合物中毒，氰及腈类化合物中毒，四乙基铅中毒，有机锡中毒，羰基镍中毒，苯中毒，甲苯中毒，二甲苯中毒，正己烷中毒，汽油中毒，一甲胺中毒，有机氟聚合物单体及其热裂解物中毒，二氯乙烷中毒，四氯化碳中毒，氯乙烯中毒，三氯乙烯中毒，氯丙烯中毒，氯丁二烯中毒，苯的氨基及硝基化合物（不包括三硝基甲苯）中毒，三硝基甲苯中毒，甲醇中毒，酚中毒，五氯酚（钠）中毒，甲醛中毒，硫酸二甲酯中毒，丙烯酰胺中毒，二甲基甲酰胺中毒，有机磷中毒，氨基甲酸酯类中毒，杀虫脒中毒，溴甲烷中毒，拟除虫菊酯类中毒，铟及其化合物中毒，溴丙烷中毒，碘甲烷中毒，氯乙酸中毒，环氧乙烷中毒，上述条目未提及的与职业有害因素接触之间存在直接因果联系的其他化学中毒。

（6）物理因素所致职业病（7种）

物理因素所致职业病包括中暑、减压病、高原病、航空病、手臂振动病、激光所致眼（角膜、晶状体、视网膜）损伤和冻伤。

（7）职业性放射性疾病（11种）

职业性放射性疾病包括外照射急性放射病、外照射亚急性放射病、外照射慢性放射病、内照射放射病、放射性皮肤疾病、放射性肿瘤（含矿工高氡暴露所致肺癌）、放射性骨损伤、放射性甲状腺疾病、放射性性腺疾病、放射复合伤以及根据《职业性放射性疾病诊断标准（总则)》[GBZ 112—2002，现为《职业性放射性疾病诊断总则》（GBZ 112—2017)] 可以诊断的其他放射性损伤。

（8）职业性传染病（5种）

职业性传染病包括炭疽、森林脑炎、布鲁氏菌病、艾滋病（限于医疗卫生人员及人民警察）和莱姆病。

（9）职业性肿瘤（11种）

职业性肿瘤包括石棉所致肺癌、间皮瘤，联苯胺所致膀胱癌，苯所致白血病，氯甲醚、双氯甲醚所致肺癌，砷及其化合物所致肺癌、皮肤癌，氯乙烯所致肝血管肉瘤，焦炉逸散物所致肺癌，六价铬化合物所致肺癌，毛沸石所致肺癌、胸膜间皮瘤，煤焦油、煤焦油沥青、石油沥青所致皮肤癌和 β-萘胺所致膀胱癌。

（10）其他职业病（3种）

其他职业病包括金属烟热，滑囊炎（限于井下工人），股静脉血栓综合征、股动脉闭塞症或淋巴管闭塞症（限于刮研作业人员）。

13.1.4 导致职业病发生的主要条件

职业病的发生常与生产过程和作业环境有关，还受个体的特性差异的影响。在相同职业危害的作业环境中，由于个体特征的差异，每个人所受的影响可能有所不同。这些个体特征包括性别、年龄、健康状态和营养状况等，因此人体受到环境中直接或间接有害因素危害时，不一定都会发生职业病。职业病的发病过程，还取决于下列三个主要条件：

（1）有害因素本身的性质

有害因素的理化性质和作用部位与发生职业病密切相关，如电磁辐射透入人体组织的深度和危害性，主要决定于其波长。生产性毒物的理化性质及其对人体组织的亲和性与毒性作用有直接关系，如汽油和二硫化碳具有明显的脂溶性，对神经组织有密切的亲和作用，因此首先损害神经系统。一般物理因素常在接触时起作用，脱离接触后体内不存在残留，而化学因素在脱离接触后，作用还会持续一段时间或继续存在。

（2）有害因素作用于人体的量

物理和化学因素对人的危害都与量有关（生物因素进入人体的量目前还无法准确估计），多大的量和浓度才能导致职业病的发生，是确诊的重要参考。一般作用剂量（D）是接触浓度/强度（C）与接触时间（T）的乘积，可表达为 $D = CT$。我国公布的《工作场所有害因素职业接触限值 第2部分：物理因素》（GBZ 2.2—2007）和《工作场所有害因素职业接触限值 第1部分：化学有害因素》（GBZ 2.1—2019），就是指物理、化学有害因素在工作场所空气中的限量。但应该认识到，有些有害物质能在体内蓄积，少量短期接触也可能引起职业性损害以致职业病发生。认真排查与某种有害因素的接触时间及接触方式，对职业病诊断具有重要价值。

（3）劳动者个体易感性

健康的人体对有害因素的防御能力是多方面的。某些物理因素停止接触后，人体被扰乱的生理功能可以逐步恢复。但是抵抗力和身体条件较差的人员对于进入体内的毒物，解毒和排毒功能较弱，更易受到损害。

13.2 职业病危害因素的分类

13.2.1 职业病危害因素的来源

（1）生产工艺过程

职业病危害因素随着生产技术、机器设备、使用材料和工艺流程变化不同而变化，如与生产过程有关的原材料、工业毒物、粉尘、噪声、振动、高温、辐射及传染性因素等因素有关。

（2）劳动过程

主要是与生产工艺的劳动组织情况、生产设备布局、生产制度、作业人员体位和操作方式以及智能化的程度有关。

（3）作业环境

主要是指作业场所的环境，如室外不良气象条件以及室内由于厂房狭小、车间位置不合理、照明不良与通风不畅等因素都会对作业人员产生影响。

13.2.2 职业病危害因素分类

（1）按性质分类

1）环境因素：

①物理因素。不良的物理因素或异常的气象条件，如高温、低温、噪声、振动、高低气压、非电离辐射（可见光、紫外线、红外线、射频辐射、激光等）与电离辐射（如 X 射线、γ 射线）等，这些都可以对人体产生危害。

②化学因素。生产过程中使用和接触的原料、中间产品、成品及这些物质在生产过程中产生的废气、废水和废渣等都会对人体产生危害，也称为工业毒物。工业毒物以粉尘、烟尘、雾气、蒸气或气体的形态遍布于生产作业场所的不同地点和空间，接触工业毒物

可对人体产生刺激性过敏反应，还可能引起中毒。

③生物因素。生产过程中使用的原料、辅料及在作业环境中都可能存在某些致病微生物和寄生虫，如炭疽杆菌、霉菌、布氏杆菌、森林脑炎病毒和真菌等。

2）与个体有关的因素。如劳动的组织和作息制度不合理导致的工作紧张；个人生活习惯不良，如过度饮酒、缺乏锻炼，劳动负荷过重，长时间地单调作业、夜班作业，操作动作和体位的不合理等都会对人体产生不良影响。

3）其他因素。社会经济因素，如国家的经济发展速度、国民的文化教育程度、生态环境、管理水平等因素都会对用人单位的安全、卫生的投入和管理带来影响。职业卫生法制的健全、职业卫生服务和管理系统化，对于控制职业危害的发生和减少作业人员的职业伤害也是十分重要的因素。

（2）按国家目录分类

2015 年，原国家卫生和计划生育委员会、原国家安全生产监督管理总局、人力资源和社会保障部和中华全国总工会联合发布的《职业病危害因素分类目录》（国卫疾控发〔2015〕92 号）将职业病危害因素分为 6 大类，包括粉尘类（矽尘等共 52 种）、化学因素类（铅及其化合物等共 375 种）、物理因素类（噪声等共 15 种）、放射性因素类（密封放射源产生的电离辐射等共 8 种）、生物因素类（艾滋病病毒等共 6 种）、其他因素类（金属烟、井下不良作业条件、刮研作业共 3 种）。详细分类及种类请查阅该目录。

13.3　从业人员的职业健康权利与义务

13.3.1　从业人员的职业健康权利

根据《职业病防治法》和相关法律法规的规定，劳动者享有下列职业卫生保护权利：

（1）获得职业卫生教育、培训。

（2）获得职业健康检查、职业病诊疗、康复等职业病防治服务。

（3）了解工作场所产生或者可能产生的职业病危害因素、危害后果和应当采取的职业病防护措施。

（4）要求用人单位提供符合防治职业病要求的职业病防护设施和个人使用的职业病防护用品，改善工作条件。

（5）对违反职业病防治法律法规以及危及生命健康的行为提出批评、检举和控告。

（6）拒绝违章指挥和强令进行没有职业病防护措施的作业。

（7）参与用人单位职业卫生工作的民主管理，对职业病防治工作提出意见和建议。

用人单位应当保障劳动者行使上述权利。因劳动者依法行使正当权利而降低其工资、福利等待遇或者解除、终止与其订立的劳动合同的，其行为无效。

13.3.2　从业人员的职业健康义务

为了保护自身健康，劳动者在职业病防治中应当履行以下义务：

（1）认真接受用人单位的职业健康教育培训，努力学习和掌握必要的职业健康知识。

（2）遵守职业健康法律法规、制度和操作规程。

（3）正确使用与维护职业病危害防护设备及劳动防护用品。

（4）及时报告事故隐患。

（5）积极配合上岗前、在岗期间和离岗时的职业健康检查。

（6）如实提供职业病诊断、鉴定所需的有关资料等。

第 *14* 讲

粉尘及其危害

14.1 生产性粉尘及其分类

14.1.1 生产性粉尘的概念与来源

粉尘是指悬浮在空气中的固体微粒，可在自然环境中天然生成，或在生产和生活中由于人为原因而生成。粉尘还有许多其他名称，如灰尘、尘埃、烟尘、矿尘、沙尘、粉末等，这些名词在意义上没有明显的区别。国际标准化组织规定，粒径小于 75 μm 的固体悬浮物被定义为粉尘。在大气中，粉尘的存在是导致全球气温变暖的主要原因之一，是大气环境中涉及面广、危害重的一种污染物，特别是工业生产产生的各类粉尘，严重影响人们的身体健康。

（1）生产性粉尘的概念

生产性粉尘是指在生产过程中形成的，能长时间飘浮在空气中的固体微粒，其粒径多为 0.1~10 μm。

生产性粉尘不仅污染环境，还影响着作业人员的身体健康。粉尘能够对人体造成多种损害，其中以呼吸系统损害最为明显和严重，包括上呼吸道炎症、肺炎（如锰尘）、肺肉芽肿、肺癌（如石棉尘、砷尘）、尘肺病以及其他职业性肺部疾病等。

（2）生产性粉尘的来源

生产性粉尘的来源十分广泛，如矿山开采、隧道开凿、建筑、运输等；冶金工业中的原料准备、矿石粉碎、筛分、选矿、配料等；

机械制造工业中的原料破碎、配料、清砂等；耐火材料、玻璃、水泥、陶瓷等工业的原料加工、打磨、包装；皮毛、纺织工业的原料处理；化学工业中固体颗粒原料的加工处理、包装等过程。由于工艺过程中防尘措施的不完善，上述生产领域均可产生大量粉尘，造成生产环境中粉尘浓度过高。

在各种不同生产场所，可以接触不同性质的粉尘。如在采矿、开山采石、建筑施工、铸造、耐火材料及陶瓷制造等行业，主要接触的粉尘是石英的混合粉尘；石棉开采、加工制造石棉制品时，接触的是石棉或含石棉的混合粉尘；焊接、金属加工及冶炼时接触金属及其化合物粉尘；农业、粮食加工、制糖工业、动物管理及纺织工业等，以接触植物或动物性有机粉尘为主。

随着新技术、新材料广泛应用，一些以纳米材料为代表的超细粉尘颗粒及其潜在的健康问题也日益受到人们的关注。

在本书的相关内容中，除非是特殊注明，一般都是直接将生产性粉尘简称为粉尘。

14.1.2 粉尘的分类

粉尘可以根据许多特性进行分类，一般按照其自身特征、职业危害和预防工作进行分类。

（1）根据粉尘的性质分类

根据粉尘的性质，可将其分为三类。

1）无机粉尘。根据无机粉尘组成成分的不同，又可分为：

①金属矿物粉尘，如铅、锌、铝、铁、锡等金属及其化合物等粉尘。

②非金属矿物粉尘，如石英、石棉、滑石、煤等粉尘。

③人工合成无机粉尘，如水泥、玻璃纤维、金刚砂等粉尘。

2）有机粉尘。根据有机粉尘组成成分的不同，又可分为：

①植物性粉尘，如木尘以及烟草、棉、麻、谷物、亚麻、甘蔗、

茶等粉尘。

②动物性粉尘，如畜毛、羽毛、角粉、角质、骨、丝等粉尘。

③人工有机粉尘，如树脂、有机染料、合成纤维、合成橡胶等粉尘。

3）混合性粉尘。混合性粉尘是指上述各类粉尘的两种或多种混合物。此种粉尘在生产中最常见，如清砂车间的空气中含有金属和型砂粉尘。由于混合性粉尘的组成成分不同，其毒性和对人体的危害程度有很大的差异。

在防尘工作中，常根据粉尘的性质初步判定其对人体的危害程度。对混合性粉尘，查明其中所含成分，如游离二氧化硅所占的比例，对进一步确定其致病作用具有重要的意义。

（2）根据粉尘颗粒在空气中停留的状况分类

由于粉尘颗粒的成分不同、形状不一、密度各异，为了测定和相互比较，目前统一采用空气动力学直径来表示其大小。空气动力学直径就是将实际的颗粒粒径换成具有相同空气动力学特性的等效直径（或等当量直径），即某一种类的粒子，不论其形状、大小和密度如何，如果它在空气中的沉降速度与一种密度为 $1 \ kg/m^3$ 的球形粒子的沉降速度一样时，则这种球形粒子的直径即为该种粒子的空气动力学直径，本书中简称为粒径。

根据粉尘颗粒在空气中停留的时间，可以将粉尘分为三种。

1）降尘。降尘一般指粒径大于 $10 \ \mu m$，在重力作用下可以降落的颗粒状物质。降尘多产生于大块固体的破碎、燃烧残余物的结块及研磨粉碎的细碎物质，自然界刮风及沙尘暴也可以产生降尘。

2）飘尘。飘尘指粒径小于 $10 \ \mu m$ 的微小颗粒，如平常说的烟、烟气和雾中的颗粒状物质。由于这些物质粒径很小、质量轻，故可以长时间停留在大气中，在大气中呈悬浮状态，分布极为广泛。由于飘尘的粒径小和在空中停留时间长，被人体吸入呼吸道的机会很大，容易对人体造成危害。

粉尘自生成源形成后，常因空气动力条件的不同、气象条件的差异而发生不同程度的迁移和扩散。降尘受重力作用可以很快降落到地面，而飘尘则可在大气中保持很久。细小的粉尘还可以作为水蒸气的凝结核，参与形成降雨过程。

3）气溶胶。以微细的液体或固体颗粒分散于空气中的分散体系称为气溶胶，如铅尘、酸雾等。按存在的形态，可将气溶胶分成雾、烟、尘。

①雾。液态的分散性气溶胶和凝集性气溶胶统称为雾，雾的粒径通常较大，在 10 μm 以上。

②烟。属于固态凝集性气溶胶，同时含有固态和液态两种粒子的凝集性气溶胶也称为烟，粒径在 0.1 μm 以上。

③尘。属于固态分散性气溶胶，尘的粒径范围较大（0.1～15 μm）。

（3）根据粉尘粒子在呼吸道沉积部位不同分类

不同粒径的粉尘粒子进入人体呼吸道的深度和在呼吸道的沉积部位不同，有些粉尘被人体吸入后又被呼出。即使同样粒径的粉尘颗粒进入人体呼吸道的深度也不是完全一样，这里存在一个概率的问题，概率大小是依据人体呼吸道的标准解剖结构、气道内气体的流量和流速，经过试验模拟得到的。据此可以将粉尘分为以下三类。

1）非吸入性粉尘。非吸入性粉尘又可称作不可吸入粉尘。一般认为，粒径大于 15 μm 的粒子被吸入呼吸道的机会非常少，因此被称为非吸入性粉尘。

2）可吸入粉尘。粒径小于 15 μm 的粒子可以被吸入呼吸道，进入胸腔范围，因而称为可吸入粉尘或胸腔性粉尘。其中，粒径为 10～15 μm 的粉尘粒子主要沉积在上呼吸道。医学上的可吸入粉尘是指可吸入而且不再呼出的粉尘，它包括沉积在鼻、咽、喉、气管和支气管及呼吸道深部的所有粉尘。

3）呼吸性粉尘。粒径小于 5 μm 的粉尘粒子可到达呼吸道深部和肺泡区，进入气体交换的区域，称为呼吸性粉尘。呼吸性粉尘在医学上是指能够到达并且沉积在呼吸性细支气管和肺泡的那一部分粉尘，但不包括可呼出的部分。

（4）按粉尘的爆炸性不同分类

按粉尘有无爆炸性可分为爆炸性粉尘和无爆炸性粉尘：

1）爆炸性粉尘是指经过粉尘爆炸性鉴定，确定其本身能发生爆炸和传播爆炸的粉尘，如煤尘、硫黄粉尘等。

2）无爆炸性粉尘是指经过粉尘爆炸性鉴定，确定不能发生爆炸和传播爆炸的粉尘，如石灰石粉尘、水泥粉尘等。

🎯 14.2 粉尘的理化性质

粉尘的理化性质不同，对人体造成危害的性质和程度不同，发生致病作用的潜伏期等也不相同。

14.2.1 粉尘的化学成分

作业场所空气中粉尘的化学成分及其在空气中的浓度是直接对人体造成危害及其严重程度的重要因素。

由于化学性质不同，粉尘可使人体罹患炎症、纤维化、中毒、过敏和肿瘤等。例如：某些金属粉尘通过肺组织吸收，进入血液循环，引起中毒；某些金属粉尘可导致过敏性哮喘或肺炎；某些金属粉尘可引发接触性皮炎等。

成分相同的粉尘，由于化学构形和表面结构的差异，或者由于表面吸附或包裹其他化学成分的情况不同，其对人体的毒害作用程度不一。如二氧化硅具有导致肺纤维化的作用，但是游离型的作用远远高于结合型，结晶型的作用又大于非结晶型。实际生产过程中，粉尘的性质还会随工艺流程发生变化。如陶瓷的生产过程中，其原料高岭土中含有大量的游离二氧化硅，因此在陶瓷粗胚生产过程中会产生大量粉尘，这些粉尘具有很强的致肺纤维化作用。当粗胚经过高温煅烧，粉尘大部分的游离二氧化硅转化成结合型二氧化硅，致肺纤维化能力减弱。

化学成分与危害程度的关系还突出表现在粉尘的新鲜程度。由于外力的机械切割或挤压作用而产生的新粉尘颗粒被称作新鲜粉尘，新鲜粉尘经过一定时间后被称为陈旧粉尘。最新的研究认为，新鲜粉尘表面有大量氧化活性很强的自由基，从而增强了粉尘颗粒本身的毒害作用、致病作用，因此新鲜煤尘的致病作用最强。而陈旧粉尘表面的活性自由基已氧化失效，并且表面常被黏土等惰性物质包裹，毒害作用降低，给人体造成损害的时间相应地延长。

粉尘长期飘浮在空气中，由于体积小、相对表面积大，具有较强的吸附能力，可以吸附空气中的气态或细小液体颗粒。粉尘颗粒表面吸附的各种物质有可能增强其毒害作用，如因吸附了致癌性多环芳烃类物质，使原本无致癌作用的粉尘产生致癌作用。

14.2.2 粉尘的重要物理量

（1）密度

粉尘密度有真密度和假密度之分，单位为 kg/m^3 或 g/cm^3。粉尘的真密度是指单位实际体积粉尘的质量，这里指的粉尘实际体积，不包括粉尘之间的空隙，因而称之为粉尘的真密度。粉尘假密度也称堆积密度或表现密度，是指粉尘呈自然扩散状态时单位体积中粉尘的质量，这里指的单位体积包含了尘粒之间存在的空隙，因此假密度要比粉尘的真密度小。

（2）浓度

粉尘浓度是指单位体积空气中所含浮尘的数量或质量，其大小直接影响着粉尘危害的严重程度，是衡量作业环境的职业健康状况和评价防尘技术效果的重要指标。粉尘浓度表示方法有质量法和计数法两种。质量法是指单位体积空气中所含浮尘的质量，单位为

mg/m³ 或 g/m³，我国规定采用质量法来计量粉尘浓度。计数法是指单位体积空气中所含浮尘的颗粒数，单位为粒每立方厘米或粒每立方米，因其测定复杂且不能很好地反映粉尘的危害性，因而使用率越来越少。

（3）分散度

粉尘分散度又称粒度分布，指的是在不同粒径范围内粉尘所含的个数或质量占总粉尘的百分比，可分为计重分散度和计数分散度两种表示方法。计重分散度是以粉尘的质量为基准计量的，用各粒径范围内粉尘的质量占总质量的百分数表示。计数分散度是以粉尘颗粒数为基准计量的，用各粒径范围内粉尘的颗粒数占总颗粒数的百分数表示。粒径较小的粉尘所占比例越大，表示其分散度越高。

粉尘分散度的表示手段很多，如列表法、图形法、函数法等，最简单和最常用的是列表法，即将粒径分成若干个区段，然后分别给出每个区段的颗粒数或质量，用绝对数或百分数表示。粒径区段的划分是根据粉尘颗粒大小和测试目的确定的，我国工矿企业将粉尘粒径区段划分为4级，即小于2 μm、2～5 μm、5～10 μm 和大于10 μm。

粉尘分散度与其在空气中的悬浮性、表面积均有密切的关系。

1）粉尘的分散度与其在空气中的悬浮性的关系。粉尘粒径的大小直接影响其沉降速度。分散度高的尘粒，由于质量较轻，可以较长时间在空气中悬浮，不易降落，这一特性称为悬浮性。

粉尘的沉降速度随着其粒径的减小而急剧降低。在生产环境中，直径大于10 μm 的粉尘很快就会沉降，而直径为1 μm 的粉尘可以长时间悬浮在空气中而不易沉降。尘粒在空气中呈飘浮状态的时间越长，被吸入肺内的机会就越多。

2）粉尘分散度与其表面积的关系。总表面积是指单位体积中所有粉尘粒子表面积的总和。粉尘的分散度越高，粉尘的总表面积就越大，如1 cm³ 的立方体其表面积为6 cm²，当将之粉碎成边长为

1 μm 的颗粒时，其总表面积就增加到 6 m²，即其表面积增大了一万倍。因而分散度高的粉尘容易参加理化反应，如有些粉尘可与空气中的氧气发生反应，从而引起粉尘的自燃或爆炸。分散度高的粉尘，由于其表面积大，因而在溶液或液体中的溶解速度也会增加。

粉尘可吸附有毒气体，如一氧化碳、氢氧化物等，分散度越高其吸附有毒气体的量也越大。

（4）溶解度

粉尘的溶解度的大小影响其危害性。溶解度高的粉尘在上呼吸道被溶解吸收，而溶解度低的粉尘在上呼吸道不能溶解，往往能进入肺泡部位，在体内持续作用。例如某些含有铅、砷等有毒成分的粉尘可在呼吸道溶解吸收，其溶解度越高，吸收剂量越大，对人体的毒害作用越强。反过来，溶解度低的粉尘，如石英粉尘，由于难于溶解，可在呼吸性细支气管和肺泡聚集，持续产生严重危害。此外，正常情况下，呼吸道黏膜的 pH 为 6.8~7.4，如果吸入的粉尘溶解后引起 pH 改变，会引起呼吸道黏液纤毛上皮系统排除功能障碍，导致粉尘集聚。

黏附在皮肤上的粉尘，被汗液或空气中水分溶解后，如果具有一定的脂溶性，则可以穿透皮肤角质层被人体吸收，脂溶性高则皮肤吸收量大，但如果不同时具有一定的水溶性，则无法进入真皮的毛细血管。

（5）形状和硬度

粉尘颗粒的形状是多种多样的，常见的有球形（如碳黑粉尘）、菱形（如石英粉尘）、叶片形（如云母粉尘）、纤维形（如石棉、棉花、玻璃纤维、矿物纤维等），此外还有凝聚体和聚集体等形状。

粉尘的形状在某种程度上也影响粉尘的悬浮性，密度相同的尘粒，其形状越接近球形，沉降时所受到的阻力越小，沉降速度越快。由于粉尘的形状和密度的不同，在空气中的沉降速度也不同，很难用同一个参数来表示，可采用粒径来互相比较。

坚硬且外形尖锐的尘粒可能引起呼吸道黏膜的机械性损伤。例如某些类型的石棉纤维粉尘直而硬，进入呼吸道后可穿透肺组织，到达胸膜，导致肺和胸膜损伤。进入肺泡的尘粒，由于其体积和质量小，加上肺泡环境湿润，并受肺泡表面活性物质影响，对肺泡的机械损伤作用可能表现得并不是很明显。

14.2.3 粉尘的重要特征

（1）凝聚性与附着性

凝聚是指细小粉尘颗粒互相结合成新的大粉尘颗粒的现象，附着是指尘粒和其他物质结合的现象。粉尘体积小、重量轻、比表面积大，因此相互之间的结合力大。当粉尘间的间距非常小时，由于受分子引力的作用，就会产生凝聚；当粉尘与其他物体间距非常小时，由于受分子引力的作用，就会产生附着。如尘粒间距离较大，则可通过外力作用使尘粒相互碰撞、接触，促使其凝聚与附着，作用力来源包括粒子热运动（布朗运动）、静电力、超声波、紊流脉动速度等。

（2）悬浮性

粉尘的悬浮性是指粉尘可在空气中长时间悬浮的特性。粉尘粒径越小、质量越轻，则其比表面积越大，吸附空气能力越强，从而形成一层空气膜，不易沉降，可以长时间悬浮在空气中。

（3）扩散传播性

生产作业中的尘源所产生的粉尘，一般都是以空气为媒介，经过扩散和传播过程进入人体而危害健康。

粉尘从静止状态进入运动状态并且悬浮在周围空气中的扩散过程，被称为一次尘化，或简称尘化。典型的尘化主要有四种：

1）诱导空气的尘化。即机动设备或块、粒状物体等在空气中运动时，能产生与物体一起运动的诱导空气，从而使粉尘扬起。如汽车行驶及物体运动时涡流卷吸作用产生诱导空气使粉尘扬起；用砂轮抛光金属件时，因高速转动会产生诱导空气，使磨削下来的细粉尘随其扩散。

2）剪切压缩造成的尘化。如铸造车间的振动落砂机、筛分物料用的振动筛工作时，由于上下往复振动，气流产生剪切压缩使疏松物料及其粉尘从间隙中的空气中挤压出来。

3）上升热气流造成的尘化。如熔炼锅炉、电炉、加热炉以及金属浇铸等热产尘设备表面的空气被加热上升时，也会带出粉尘和有害气体。

4）综合作用时的尘化。如皮带运输机输送的物料从高处下落到低处时，由于气流和粉尘间的剪切作用，被物料挤压出来的高速气流会带着粉尘向四周扩散。此外，物料在下落过程中，由于剪切和诱导空气作用，高速气流也会使部分粉尘飞扬。

由此可见，控制粉尘周围的空气流动，对于抑制粉尘的扩散与传播，改善作业场所的空气环境，具有重要作用。

（4）湿润性

粉尘的湿润性是指粉尘与液体亲和的能力。液体对固体表面的湿润程度，主要取决于液体分子对固体表面作用力的大小，而对于同一粉尘颗粒来说，液体分子对尘粒表面的作用力又与液体的力学性质即表面张力的大小有关。表面张力越小的液体，对尘粒越容易湿润，例如，酒精、煤油的表面张力小，对粉尘的浸润性就比水强。

另外，粉尘的湿润性还与其形状和大小有关，球形颗粒的粉尘湿润性要比不规则的尘粒差；粉尘越细，亲水能力越差。如石英的亲水性强，但粉碎成粉末后其亲水能力大大减弱。

（5）荷电性与导电性

粉尘的荷电性是指粉尘可带电荷的特性，电除尘装置就是利用此特性来除尘的。粉尘在其产生和运动过程中，因天然辐射、空气的电离、尘粒之间的碰撞与摩擦等作用，都可能使尘粒获得正电荷或负电荷。如非金属和酸性氧化物粉尘常带正电荷，金属和碱性氧化物粉尘常带负电荷。

尘粒荷电后，将改变它的某些物理性质，如凝聚性、附着性以及在气体中的稳定性。如带有相同电荷的尘粒，因互相排斥，不易凝聚沉降；带有不同电荷时，则相互吸引，加速沉降。因此，有效利用粉尘的这种荷电性，也是降低粉尘浓度、减少粉尘危害的重要方法之一。

粉尘的导电性通常以电阻率表示。粉尘的导电不仅包括靠粉尘颗粒本体内的电子或离子发生的容积导电，也包括靠颗粒表面吸附的水分和化学膜发生的表面导电。电阻率高的粉尘，在较低温度下，主要是表面导电，在较高温度下，则容积导电占主导地位。

（6）自燃性和爆炸性

固体物料破碎以后，其表面积急剧增加，系统中粉尘的自由表面能也随之增加，从而提高了粉尘的化学活性，尤其是提高了氧化产热的能力，在一定的条件下会燃烧。粉尘自燃是由于放热反应时散热速度超过系统的排热速度，氧化反应自动加速造成的。

在封闭或半封闭的空间内可燃性悬浮粉尘的燃烧会导致爆炸。爆炸是急剧的氧化燃烧现象，产生高温、高压、冲击波，同时产生大量的一氧化碳等有毒有害气体，对生产安全有极大危害。

（7）磨损性

磨损性是指粉尘在流动过程中对器壁或管壁的磨损破坏。表面具有尖棱形状的粉尘（如烧结尘）比表面光滑的粉尘的磨损能力强，微细粉尘比粗粉尘的磨损能力弱。一般认为小于 10 μm 的粉尘的磨损性是不严重的，然而随着粉尘颗粒增大，其磨损性增强，但增加到某一最大值后便开始下降。为了减轻粉尘对材料的磨损，需要适当地设计管道中气流速度和设计壁厚，降低气流中的粉尘质量浓度、增大转弯半径等，或可在易磨损的部位采用耐磨材料作为内衬，如耐磨涂料、浇结料、铸铁等。

（8）光学特性

光线射到粉尘颗粒上时，有两方面不同物理现象发生：一方面，尘粒接收到的光可被其以相同的波长再辐射，再辐射可发生在所有方向上，但不同方向上有不同的强度，这个过程被称为反射；另一方面，辐射到尘粒上的光可变为其他形式的能，如热能、化学能或不同波长的辐射，这个过程被称为吸收。

粉尘的光学特性包括对光的反射、吸收和透光强度等。在粉尘检测技术中，常常用到这些特性。当光线穿过含尘介质时，由于尘粒对光的反射、吸收和透光等，光强被减弱，其减弱程度与粉尘的浓度、粒径、透明度、形状等有关。

（9）危害性

粉尘的危害性是职业健康技术与管理工作的中心内容，将在下一部分内容中重点介绍。

14.3　粉尘进入人体的途径

粉尘可通过呼吸道、眼睛、皮肤等进入人体，其中以呼吸道为主要途径。

14.3.1　粉尘在呼吸道中的存在过程

粉尘可随呼吸进入呼吸道，进入呼吸道内的粉尘并不全部进入肺泡，大部分可以沉积在从鼻腔到肺泡的呼吸道内。影响粉尘在呼吸道不同部位沉积的主要因素是尘粒的物理特性（如尘粒的大小、形状及密度等），以及与呼吸有关的空气动力学条件（如流向、流速等），不同粒径的粉尘在呼吸道不同部位沉积的比例也不同，尘粒在呼吸道内的沉积机理主要有以下几种：

（1）截留

不规则形（如云母片状）的粉尘或纤维状（如石棉、玻璃棉等）粉尘，可沿气流的方向前进，但易被接触表面截留。

（2）惯性冲击

当人体吸入粉尘时，尘粒按一定方向在呼吸道内运动。由于鼻咽腔结构和气道分叉等解剖学特点，当含尘气流的方向突然改变时，尘粒受冲击并沉积在呼吸道黏膜上，这种作用与气流的速度、尘粒的粒径有关。冲击作用是较大尘粒沉积在鼻腔、咽部、气管和支气管黏膜上的主要原因，在这些部位上沉积下来的粉尘如不及时被清除，长期作用就会引起慢性炎症病变。

（3）沉降作用

尘粒可受重力作用而沉降，沉降的速度与粉尘的密度和粒径有关。粒径或密度大的粉尘沉降速度快，当吸入粉尘时，首先沉降的是粒径较大的粉尘。

（4）扩散作用

粉尘颗粒可受周围气体分子的碰撞而形成不规则的运动，并引起在肺内的沉积。受到扩散作用的一般是指粒径为 $0.5\ \mu m$ 以下，特别是小于 $0.1\ \mu m$ 的尘粒。尘粒在呼吸系统的沉积可分为三个区域：

1）上呼吸道区（包括鼻、口、咽和喉部）。

2）气管、支气管区。

3）肺泡区（无纤毛的细支气管及肺泡）。

（5）沉积作用

一般认为粒径在 $10\ \mu m$ 以上的粉尘大部分沉积在鼻、咽部，$10\ \mu m$ 以下的可进入呼吸道的深部，而在肺泡内沉积的大部分是 $5\ \mu m$ 以下，特别是 $2\ \mu m$ 以下的粉尘。进入肺泡内的粉尘粒径的上限是 $10\ \mu m$，这部分尘粒具有重要的生物学作用，因为只有进入肺泡内的粉尘才有可能引起尘肺病。能进入肺泡区的粉尘称为呼吸性粉尘。

对于进入人体呼吸系统不同区域的粉尘有不同的定义：

1）吸入性粉尘。是指从鼻、口吸入到整个呼吸道内的全部粉尘，这部分粉尘可引起整个呼吸系统的疾病。

2）可吸入性粉尘。是指从喉部进入到气管、支气管及肺泡区的粉尘，这部分粉尘除有可能引起尘肺病外，还能引起气管和支气管的疾病。

3）呼吸性粉尘。是指能进入肺泡区的粉尘，是引起尘肺病的主要原因。

14.3.2　呼吸系统对粉尘的防御和清除

人体对吸入的粉尘具备有效的防御和清除机制，一般认为有三道防线。

（1）鼻腔、喉、气管、支气管的阻留作用

大量粉尘随气流被吸入人体时，通过扩散、沉积、截留等作用被阻留于呼吸道表面，以减少进入气体交换区域（呼吸性细支气管、肺泡管、肺泡）的粉尘量。同时气道的平滑肌可收缩使气道截面积缩小，以减少含尘气流的进入，增大粉尘阻留，并可启动咳嗽和喷嚏等反应，排出粉尘。

（2）呼吸道上皮黏液纤毛系统的排出作用

呼吸道上皮存在黏液纤毛系统，由黏膜上皮细胞表面的纤毛和覆盖的黏液组成。正常情况下，阻留在气道内的粉尘被黏附在气道表面的黏液层上，纤毛向咽喉方向有规律地摆动，将黏液层中的粉尘移出。虽然这种方式是很有效的粉尘及外来异物清除方式，但如长期大量吸入粉尘，会损害黏液纤毛系统的功能和结构，极大降低粉尘清除量，导致粉尘在呼吸道滞留。

（3）肺泡巨噬细胞的吞噬作用

进入肺泡的粉尘黏附在肺泡腔表面，被肺泡巨噬细胞吞噬，形成尘细胞。大部分尘细胞通过自身阿米巴样运动及肺泡的舒张转移至纤毛上皮表面，再通过纤毛运动，约在 24 h 内排除；小部分尘细胞因粉尘作用受损、坏死、崩解，尘粒游离后再被巨噬细胞吞噬。

如此循环往复。进入肺间质的小部分粉尘被间质巨噬细胞吞噬，形成的尘细胞有部分会因坏死、崩解而再释放出尘粒，进入淋巴系统后会沉积于肺门和支气管淋巴结，有时也可通过循环系统到达其他脏器。尖锐的纤维粉尘，如石棉粉尘可穿透胸膜进入胸膜腔。

在人体防御和清除粉尘颗粒的整个过程中，鼻腔的鼻毛和黏性分泌物主要阻留直径大于 10 μm 的粉尘颗粒，占吸入粉尘总量的30%~50%；进入气管、支气管至终末支气管的粉尘，通过黏液纤毛系统将粉尘运送到咽喉部位，随痰咳出或咽下，称为支气管清除；进入肺泡的粉尘，主要依靠肺泡巨噬细胞的吞噬作用清除。呼吸系统通过上述各种防御功能，可将进入肺内 97%~99% 的粉尘排出体外，使留在肺内的粉尘只有吸入量的 1%~3%。但长期较大量地吸入粉尘可严重削弱人体上述各项防御功能，导致粉尘过量沉积，造成肺组织病变。

14.3.3 粉尘与皮肤、眼的接触作用

皮肤由表面的角质层和真皮组成，对外来粉尘具有屏障作用，粉尘颗粒很难通过完好皮肤进入人体。但粉尘如果被汗液溶解或黏附在皮肤上，其中含有的一些化合物，如苯胺、三硝基甲苯、金属有机化合物等可通过完好皮肤吸收进入血液而引起中毒。

当皮肤发生破损或被某些尖锐的粉尘损伤后，粉尘也能进入，作为异物被机体巨噬细胞吞噬后诱发炎症反应。另外，粉尘还可能阻塞毛囊、皮脂腺或汗腺。因此，经常进行皮肤清洁有助于洗脱黏附在皮肤上的粉尘，防止粉尘的伤害作用。

一些尖锐且坚硬的粉尘颗粒，如金属磨料粉尘，接触眼睛后，会通过机械作用损伤眼角膜及结膜。

🎯 14.4 粉尘的主要危害

14.4.1 对人体的危害

所有粉尘对人体都是有害的，不同特征的粉尘，可能引起人体不同部位、不同程度的损害。如可溶性有毒粉尘进入呼吸道后，能很快被吸收进入血液，引起中毒；某些硬质粉尘可机械性损伤眼角膜及结膜，引起角膜浑浊和结膜炎等；粉尘堵塞皮脂腺和机械性刺激皮肤时，可引起粉刺、毛囊炎、脓皮病及皮肤皲裂等；粉尘进入外耳道混在皮脂中，可形成耳垢等。

粉尘对机体直接的健康损害以呼吸系统为主，会导致尘肺病、粉尘肺沉着病、呼吸道炎症、呼吸系统肿瘤和其他呼吸系统疾病、局部作用和中毒作用。

（1）尘肺病

尘肺病是指由于吸入较高浓度的粉尘而引起的以弥漫性肺间质纤维化病变为主的全身性疾病。由于粉尘的种类和性质的不同，吸入后对肺组织引起的病理改变也有很大的差异，尘肺病按其病因可分为以下几种：

1）矽肺。矽肺是尘肺病中最严重的一种职业病，它是由于长期吸入大量游离二氧化硅粉尘（矽尘）所引起的一种尘肺病。在很多厂矿的生产过程中都可以产生矽尘，如开矿采掘、开凿隧道、开山筑路、耐火材料、玻璃、陶瓷、搪瓷制造，以及铸造、石英砂加工等行业。

矽肺的病因是吸入粉尘中结晶型游离二氧化硅，即石英的沉积。因此在评价粉尘的危害性时，要经常测定粉尘中游离二氧化硅的含量。

矽肺是一种慢性进行性的疾病，发病一般比较缓慢，其发病时间多在接触矽尘 5~10 年后，有的可长达 15~20 年。

当吸入高含量游离二氧化硅的粉尘时，可形成肺矽结节。矽肺病人早期症状主要表现为在体力劳动或上坡走路时会感到气短，后期还会有胸痛、胸闷、咳嗽、咯痰等症状。矽肺合并肺结核的频率较高，也可并发肺及支气管感染、自发气胸和肺心病等。

2）矽酸盐肺。矽酸盐肺是由于长期吸入含有结合二氧化硅（即硅酸盐）粉尘所引起的尘肺病，其中最常见的有石棉肺、滑石尘肺、云母尘肺、水泥尘肺等。

①石棉肺。石棉肺是由于长期吸入石棉粉尘所引起的一种尘肺病。石棉是一种具有纤维状结构的矿物，它含有镁和少量铁、铝、钙、钠等，因此又被称为镁、铁、钠等的含水硅酸盐。石棉分为两大类，即纤蛇纹石类和闪石类。其中，闪石类石棉多粗糙且坚硬，常见的有青石棉、铁石棉、直闪石、透闪石、阳起石等。石棉已被公认为致癌物，大部分国家已经禁止使用。接触石棉的作业主要是石棉的加工和处理，如石棉矿的开采、选矿和运输等，以及在石棉加工厂的开包、轧棉、梳棉和织布等。石棉制品的粉碎、切割、磨光及钻孔等生产过程中均可产生石棉粉尘，此外在应用石棉制品的行业也有接触石棉粉尘的可能。

长期吸入大量的石棉粉尘可以引起弥漫性肺间质纤维化病变，并可见胸膜增生性病变，如胸膜增厚、胸膜斑等。

石棉肺的发病一般比较缓慢，其发病时间可长达 10~15 年，因此即使已经调离石棉粉尘接触岗位的劳动者仍有可能发生石棉肺，而发病的快慢和严重程度与石棉的种类、石棉粉尘浓度以及接触的时间有关。

吸入石棉粉尘除能引起石棉肺外，还与肿瘤的发生有着密切的关系。接触石棉粉尘的劳动者患癌率明显增加，特别是肺癌，其发病与接触石棉的剂量有关，以鳞癌和腺癌为多见。此外，接触石棉粉尘的劳动者还可能发生胸膜或腹膜间皮瘤，间皮瘤发病的潜伏期可长达 20~30 年。间皮瘤与接触石棉的种类有关，例如青石棉极易引发间皮瘤。

②滑石尘肺。滑石尘肺是由于长期吸入滑石粉尘而引起的一种尘肺病。滑石为含水硅酸镁，含有 29.8%~63.5% 结合二氧化硅，28.4%~36.9% 氧化镁和小于 5% 的水，有些种类的滑石粉尘还含有少量的游离二氧化硅、钙、铝和铁。滑石的形状多样，有颗粒状、纤维状、片状及块状等，具有润滑、耐酸碱、耐腐蚀、耐高温等特点，被广泛用于橡胶、建筑、纺织、造纸、涂料、医药以及化妆品生产等行业。

滑石尘肺的病理改变是以肺组织间质纤维化为主，早期病变呈异物肉芽肿，随后网织纤维和胶原纤维逐渐增多，最后导致弥漫性纤维化，并可引起胸膜粘连。胸透影像可见肺内有滑石小体。

滑石尘肺早期无明显症状，部分病人有咳嗽、气急、胸痛等症状，并伴有肺功能损伤。滑石肺的发病和病程较长，一般为 10~35 年，但也有较早发病的。

③云母尘肺。云母是铝的硅酸盐，其种类较多，常见的是白云母，此外还有黑云母和金云母。云母是一种柔软透明的矿物，具有耐酸、隔热及绝缘性能好等特性，因此在工业上被广泛用作绝缘材料。

在云母矿山的采矿、选矿及运输过程中可以接触云母粉尘。但矿山的凿岩工和运输工所接触到的粉尘多为混合性粉尘，因其母岩为花岗伟晶岩，其围岩为片麻岩和页岩，因此在采矿和选矿时所产生的粉尘中含有一定量的游离二氧化硅，劳动者长期吸入这种云母混合性粉尘可以引起云母矽肺，发病时间随粉尘中游离二氧化硅含量的不同而异，一般为 7~25 年。在云母加工厂所接触到的粉尘则多为纯云母粉尘。云母加工一般分为厚片加工及薄片加工，在厚片加工时，因矿石外有一些围岩附着，通常含有一定量的游离二氧化硅，一般为 7%~19%。而薄片加工的主要是云母矿石，所以其游离二氧化硅含量较低，一般为 0.9%~3.5%。长期吸入较纯的云母粉尘可以引起云母尘肺，其发病时间一般在 20 年以上。

云母尘肺的主要病理改变是肺组织间质纤维化和结节肉芽肿，在肺泡间隔、血管和支气管周围可见结缔组织增生及细胞粉尘灶，在显微镜下可见有云母尘粒及云母小体。

④水泥尘肺。水泥是人工合成的硅酸盐混合物，是由石灰质（石灰石等）与黏土质（黏土、页岩等）混合、粉碎为生料，在窑中加热到 1 350~1 800 ℃ 制成熟料，然后混以 20% 左右的石膏粉、页岩渣等而制成。水泥生产中，在原料的破碎、混合和烘干过程中会产生生料粉尘，其中含有一定量的游离二氧化硅，其含量的多少与原料的来源有关。在煅烧和包装时接触的是水泥熟料粉尘，其中游离二氧化硅含量较少，主要是硅酸盐。

长期吸入水泥生料粉尘可引起混合性尘肺，其病症的轻重与粉尘中游离二氧化硅含量的多少有关。长期吸入水泥成品粉尘可引起水泥尘肺，水泥尘肺的发病时间较长，一般多为 15 年以上。

3）陶工尘肺

制陶原料包括高岭土、黏土、瓷石、瓷土、着色剂、青花料、石灰釉、石灰碱釉等。陶瓷制作的原料准备如原料的破碎、粉碎、过筛、下料、出料、烘干、拌料、装运、成形、烧炼等工序都要接触粉尘。

陶工尘肺是指在陶瓷工业生产过程中，由于接触一定量的粉尘所引起的尘肺病，主要发生在制陶行业。由于陶瓷工业接触多种粉尘，陶工尘肺实际上是一种职业性肺部疾病。

按接触原料不同，陶瓷行业尘肺病可分为陶工尘肺、硅酸盐尘肺、混合尘肺、矽肺等，统称为陶工尘肺。陶工尘肺潜伏期比较长，病情发展慢，肺功能受损害程度轻，合并肺结核率高。

4）碳素尘肺。一些研究认为长期吸入碳素粉尘可以引起尘肺，如煤工尘肺、石墨尘肺、碳黑尘肺等。

①煤工尘肺。长期吸入单纯的煤尘可以引起煤工尘肺。煤尘中游离二氧化硅含量较低，一般不超过 5%。而煤矿岩石掘进时所产生的岩尘是混合性粉尘，含有浓度较高的游离二氧化硅。煤工尘肺是煤矿中最常见的一种尘肺病，常见于井下采煤工、选煤厂的选煤工以及码头煤炭装卸工等。

煤工尘肺主要的病理学改变是煤尘灶，并可引起肺组织间质纤维化的病变。煤工尘肺的发病和进展均较缓慢，一般的发病时间为 20~30 年。

②碳黑尘肺。碳黑是用碳氢化合物经不完全的燃烧而制得的一种产品，长期吸入碳黑粉尘可引起碳黑尘肺。碳黑尘肺的发病和进展较慢，其发病时间一般为 10~25 年，症状主要有气急、胸痛、鼻干、咳嗽等。

③石墨尘肺。长期吸入石墨粉尘可以引起石墨尘肺，但接触石墨采矿时的粉尘，由于其中含有较多游离二氧化硅，因此可以引起石墨矽肺。石墨粉尘引起的肺组织病理改变主要是以石墨粉尘细胞灶为主，肺部影像可见异物多核巨细胞，个别可见肺泡间隔增厚及少量网织纤维。

5）金属尘肺。长期吸入某些金属性粉尘也可引起尘肺病，如铝尘肺。铝尘肺是因长期吸入铝金属粉尘引起的，肺组织的病理改变主要是以铝尘细胞灶与纤维细胞灶为主，纤维组织增生不明显。铝尘种类和性质的不同引起病变的程度也不同，金属铝与合金铝的致病作用比氧化铝强。铝尘肺的症状主要是咳嗽、胸闷、气短、咯痰等，并随病程的延长而逐渐加重。

6）焊工尘肺。焊接作业在建筑、矿山、机械、造船、化工、铁路、国防等工业被广泛应用。焊接作业的种类较多，有自动埋弧焊、气体保护焊、等离子焊和手工电弧焊等。焊接烟尘是指由于高温使焊药、焊条芯和被焊接材料熔化蒸发，逸散在空气中氧化冷凝而形成的颗粒极细的气溶胶。因此，焊工尘肺是一种混合性尘肺。

焊工尘肺发病的快慢与粉尘浓度、气象条件、通风状况、焊接种类、焊接方法、操作时间及电流等有密切关系，此外，在发病和病程进展上存在个体差异。焊工尘肺病例绝大多数发生在手工电弧焊工中，其发病时间一般为 10~20 年，但在高浓度焊接烟尘环境中，3~5 年即可发病。

7) 铸工尘肺。铸工尘肺是在铸造作业中长期吸入较高含量的游离二氧化硅的高岭土、陶土、石墨、煤粉、石灰石、滑石粉等混合性粉尘所引起的一种混合性尘肺病。不同工序对铸工尘肺的发病影响较大，其中铸钢清砂工序患病率为最高，型砂配制工序次之，砂型铸造工序最低。铸工尘肺发病时间为 20~30 年，可并发肺气肿，肺功能发生不同程度损伤。

8) 混合性尘肺。混合性尘肺是由于吸入含有游离二氧化硅和其他某些物质的混合性粉尘所引起的尘肺，如吸入较高含量游离二氧化硅的煤尘时所引起的煤矽肺，此外还有石墨矽肺、铝矽肺等。

9) 有机性粉尘引起的肺部疾患。许多有机性粉尘吸入肺泡后可引起过敏反应，如吸入棉、亚麻或大麻粉尘后可引起棉尘病，病人有发热、胸闷、咳嗽等症状，并有呼吸功能的减退。也有些有机性粉尘可引起外源性过敏性肺泡炎，如反复吸入带有芽孢霉菌的发霉的植物性粉尘，可引起农民肺、蔗渣尘肺等。

有机性粉尘的成分复杂，有些粉尘可被各种微生物污染，也常混有一定含量的游离二氧化硅及无机杂质等。所以各种有机性粉尘对人体的生物学作用是不同的，如长期吸入木、茶、枯草、麻、咖啡、骨、羽毛、皮毛等粉尘可引起支气管哮喘。

(2) 粉尘肺沉着病

有些生产性粉尘如锡、铁、锑等粉尘被吸入后，主要沉积于肺组织中，呈现异物反应，以网状纤维增生的间质纤维化为主，在肺部影像中可见结节状阴影，这类病变又称粉尘肺沉着病。因其不损伤肺泡结构，肺功能一般不受影响，机体也没有明显的症状和体征，所以对健康危害不明显。

（3）呼吸道炎症

粉尘对人体来说是一种外来异物，因此机体会产生本能的排除异物反应，在粉尘侵入的部位将集聚大量巨噬细胞，导致炎症反应，引起粉尘性气管炎、支气管炎、肺炎、哮喘性鼻炎和支气管哮喘等疾病。

（4）呼吸系统肿瘤

某些粉尘本身就是或者含有人体致癌物，如石棉、游离二氧化硅、镍、铬、砷等都是国际癌症研究机构提出的确定致癌物，含有这些物质的粉尘就可能引发呼吸和其他系统肿瘤。此外，放射性粉尘也可能引起呼吸系统肿瘤。

（5）其他呼吸系统疾病

由于粉尘诱发的纤维化、肺沉着和炎症作用，还常引起肺功能的改变，表现为阻塞性肺病、慢性阻塞性肺病等，在尘肺病病人中还常并发肺气肿、肺心病等疾病。长期的粉尘接触还常引起机体免疫功能下降，容易发生肺部非特异性感染，肺结核也是粉尘接触人员易患的一种疾病。

（6）局部作用

粉尘作用于呼吸道黏膜，早期可引起功能亢进，黏膜下毛细血管扩张、充血，黏液腺分泌增加等症状，长期则形成黏膜肥大、黏膜上皮细胞营养不足，造成萎缩性病变，呼吸道免疫功能下降。另外，金属粉尘还可引起角膜损伤、浑浊，沥青粉尘可引起光感性皮炎等。

（7）中毒作用

含有可溶性有毒物质的粉尘，如含铅、砷、锰等的粉尘可很快被呼吸道黏膜溶解吸收，导致中毒，呈现出相应化学毒物中毒症状。

14.4.2 粉尘的爆炸危害性

随着工业的发展，粉尘爆炸事故屡见不鲜，爆炸性粉尘的种类也越来越多。例如，2014 年 8 月 2 日 7 时 34 分，位于江苏省苏州市昆山市经济技术开发区的中荣金属制品有限公司发生特别重大铝粉尘爆炸事故，共造成有 97 人死亡、163 人受伤，直接经济损失 3.51亿元。

与气体爆炸相比，粉尘爆炸有如下特征：

（1）粉尘爆炸中，热辐射起的作用比热传导更大。

（2）粉尘爆炸的感应期长，可达数十秒，为气体爆炸的数十倍，其过程比气体燃烧复杂。

（3）破坏力更强。粉尘密度比气体大，爆炸时能量密度也大，爆炸产生的温度、压力很高，冲击波速度快。例如，煤尘的火焰温度为 1 600~1 900 ℃，火焰速度可达 1 120 m/s，冲击波速度可达2 340 m/s，初次爆炸的平均理论压力约为 736 kPa。

（4）易发生不完全燃烧，爆炸产物气体中一氧化碳含量更大。如煤尘爆炸时产生的一氧化碳，在爆炸波及范围气体中的体积分数可达 2%~3%，甚至高达 8% 左右。爆炸事故中受害者中大多数（70%~80%）是由于一氧化碳中毒造成的。

（5）发生二次爆炸或多次连续爆炸的可能性较大，且爆炸威力呈跳跃式增大。由于初次粉尘爆炸的冲击波速度快，可扬起沉积的粉尘，在新空间形成爆炸浓度而产生二次爆炸或多次连续爆炸，且爆炸压力随着爆源距离增大而跳跃式增大。爆炸过程中如遇障碍物，压力将进一步增加，尤其是二次爆炸或多次连续爆炸，后一次爆炸的理论压力将是前一次的 5~7 倍。

（6）一般会产生"黏渣"，并残留在爆炸现场附近。粉尘爆炸时因粒子一边燃烧一边飞散，一部分粉尘会被焦化黏结在一起，残留在爆炸现场附近，如气煤、肥煤、焦煤等黏结性煤的煤尘爆炸，会形成煤尘爆炸所特有的产物——焦炭皮渣或黏块,统称"黏渣"。

14.4.3 粉尘对生产和环境的危害

(1) 对生产危害

生产中各类粉尘可降低光照度,影响室内作业的视野;机械转动部件会因粉尘磨损,降低工作精度,甚至造成设备报废;降低集成电路、化学试剂、精密仪表、微型电机等产品的精度或质量。

(2) 对大气环境污染

粉尘排放于大气中可引起大气污染,危害人群健康,粉尘还能大量吸收太阳紫外线短波部分,严重影响儿童的生长发育。

第 *15* 讲

化学毒物危害预防

🎯 15.1 化学毒物进入人体的途径及其危害的影响因素

15.1.1 化学毒物进入人体的途径

化学毒物主要通过呼吸道、皮肤、消化道进入人体。

（1）呼吸道

呼吸道是气体、蒸气、雾、烟、粉尘等各类化学毒物进入人体最重要的途径。大部分职业中毒都是因化学毒物通过呼吸道进入人体，然后进入血液，并蓄积在肝、脑、肾等脏器中，其特点是作用快、毒性强。

（2）皮肤

皮肤是人体面积最大的器官，完好的皮肤是很好的防毒屏障。但有些化学毒物可通过完好的皮肤，或通过毛孔到达毛囊，再经皮脂腺而被吸收，一小部分可通过汗腺进入体内，如有机磷农药、硝基化合物等。还有一些对皮肤局部有刺激性和损伤性作用的化学毒物如砷化物等，可使皮肤充血或损伤而加快其吸收。若皮肤有伤口，或在高温、高湿度的情况下，可增加其对化学毒物的吸收。

（3）消化道

化学毒物经由污染的手或被污染的水杯、食物器皿等，进入消化道后，主要由小肠吸收。另外，进食被化学毒物污染的食物、饮用含化学毒物的水、误服毒物等也可导致中毒。有些化学毒物可由口腔黏膜（或食管黏膜）迅速吸收而进入血液循环系统，如有机磷农药、氰化物等。

15.1.2　化学毒物危害的影响因素

化学毒物的毒性强弱或作用特点常因其本身的化学结构、理化特性、毒物间的联合作用、生产环境条件和劳动强度，以及个体因素的差异等许多因素而不同。

（1）物质的化学结构对毒性的影响

各种化学毒物的毒性之所以存在差异，主要是基于其分子化学结构的不同。如在碳氢化合物中，存在以下规律：

1）在脂肪族烃类化合物中，其麻醉作用随分子中碳原子数的增加而增加。

2）化合物分子结构中的不饱和键数量越多，其毒性越强。

3）一般分子结构对称的化合物，其毒性强于不对称的化合物。

4）在碳烷烃化合物中，一般直链比支链的毒性强。

5）化学毒物分子中某些元素或原子团对其毒性强弱有显著影响，如在脂肪族碳氢化合物中带入卤族元素，芳香族碳氢化合物中带入氨基或硝基，苯胺衍生物中以氧、硫或羟基置换氢时，毒性显著增强。

（2）物质的理化特性对毒性的影响

1）可溶性。化学毒物在体液中的可溶性越大，其毒性作用越强。如三氧化二砷在水中的溶解度比三硫化二砷大3万倍，故前者毒性强，后者毒性弱。应注意，化学毒物在不同液体中的溶解度不同，不溶于水的物质，有可能溶解于脂肪和类脂肪中。如硫化铅虽不溶于水，但在胃液中却能溶解2.5%；氯气易溶于上呼吸道的黏液中，因而氯气对上呼吸道可产生损害；黄丹微溶于水，但易溶于血清中等。

2）挥发性。化学毒物的挥发性越大，其在空气中的浓度越大，易进入人体的量越大，对人体的危害也就越大，毒作用越强。如苯、乙醚、三氯甲烷、四氯化碳等都是挥发性大的物质，对人体的危害严重，而乙二醇的毒性虽强但挥发性小，只为乙醚的1/2 625，故严重中毒的事故很少发生。同理，有些物质的毒性本身不强，但因为其挥发性大，也会具有较大的危害性。

3）分散度。化学毒物的颗粒越小，即分散度越大，则其化学活性越强，更易于随人的呼吸进入人体，因而毒作用越大。如锌等金属物质本身并无毒，但加热形成烟状氧化物时，可与体内蛋白质作用，产生异性蛋白而引起体温增高，被称为"铸造热"。

（3）化学毒物间的联合作用对毒性的影响

在生产环境中，现场劳动者接触到的化学毒物往往不是单一的，而是多种共存的，所以必须了解多种毒物对人体的联合作用。化学毒物的联合作用有下列三种情况：

1）相加作用。即两种以上的化学毒物同时存在于作业场所环境中时，它们的综合毒性为各个毒物毒性作用的总和。如碳氢化合物在麻醉方面的联合作用即属此种情况。

2）相乘作用。即多种化学毒物联合作用的毒性大大超过各化学毒物毒性的总和，又称增毒作用。例如二氧化硫被单独吸入时，多数会引起上呼吸道炎症，但如果将二氧化硫混入含锌烟雾中，就会使其毒性加大一倍以上。一氧化碳和二氧化硫、一氧化碳和氮氧化物共存时也都具有相乘作用。

3）拮抗作用。即多种化学毒物联合作用的毒性低于各个毒物毒性的总和。如氨和氯的联合作用即属此类。

此外，生产性化学毒物与生活性化学毒物的联合作用也很常见。如嗜酒的人易引起中毒，因为酒精可增加铅、汞、砷、四氯化碳、甲苯、二甲苯、氨基和硝基苯、硝化甘油、氮氧化物以及硝基氯苯等毒物的吸收能力，故接触这类物质的人不宜饮酒。

（4）生产环境和劳动强度对毒性的影响

不同的生产方式影响化学毒物产生的数量和存在状态，不同的操作方法影响劳动者与化学毒物的接触机会。生产环境如温度、湿度、气压等均可影响化学毒物对人体的作用。如高温条件可促进化学毒物的挥发，使空气中毒物的浓度增加；环境中较高的湿度，也会增加某些化学毒物的毒性，如氯化氢、氟化氢等；高气压可使溶解于体液中的毒物量增多。

劳动强度对化学毒物的吸收、分布、排泄均有显著的影响：劳动强度大，则呼吸量也大，导致劳动者皮肤充血、排汗量增多，使吸收毒物的速度加快；耗氧量增加，使劳动者对某些毒物所致的缺氧更加敏感。

（5）个体因素的差异对毒性的影响

在同样条件下接触同样的化学毒物，往往有些人长时间不会发现中毒反应，而有些人却很快出现中毒症状，这是由于人体对毒物的耐受性不同所致。

未成年人由于身体各器官尚处于发育阶段，抵抗力弱，故不应参加有毒作业。妇女在经期、孕期、哺乳期等生理功能变化期，对某些毒物的敏感性增强。如在经期对苯、苯胺的敏感性就会增强；而在孕期、哺乳期参加接触汞、铅的作业，会对胎儿、婴儿的健康产生不利影响。

患有代谢功能障碍、肝脏及肾脏疾病的人代谢功能大大降低，因此较易中毒。如贫血者接触铅，肝脏疾病患者接触四氯化碳、氯乙烯，肾病患者接触砷，有呼吸系统疾病的人接触刺激性气体等都较易中毒。

总之，接触化学毒物后是否中毒受多种因素影响，了解这些因素间相互制约、相互联系的规律，有助于控制不利因素，防止中毒事故的发生。

🎯 15. 2 职业中毒的类型及特点

15. 2. 1 职业中毒的类型

(1) 按病程分类

1) 急性中毒。急性中毒是指毒物一次短时间（几分钟至数小时）内大量进入人体被吸收而引起的中毒，如急性苯中毒、急性氯气中毒等，大多由于毒物泄漏事故或者无防护进入有毒环境、误服误用毒物引起。急性中毒发病突然，主要有呕吐、呼吸困难、头晕、头痛、昏迷等症状，如抢救不及时极易造成死亡。

2) 慢性中毒。慢性中毒是由于少量的毒物持续或经常地侵入人体内逐渐引起病变的现象。职业中毒以慢性中毒最多见，是毒物在人体内积蓄的结果。因此凡是可在人体内积蓄的毒物，都可能引起慢性中毒，例如铅、汞、锰等。

慢性中毒症状往往要在从事有关生产几个月、几年甚至多年后才出现，而且早期症状往往都很轻微，故常被忽视而不能及时被发现。因此，在职业活动中，预防慢性职业中毒的问题，实际上与预防急性中毒同等重要。

3) 亚急性中毒。亚急性中毒介于急性中毒与慢性中毒之间，病变时间较急性中毒长，发病症状较急性中毒轻，如二硫化碳中毒、汞中毒等。

(2) 按照引起中毒的物质分类

按照引起中毒的不同物质可以将职业中毒分为很多种，如氨气中毒、硫化氢中毒、有机磷农药中毒、强酸和强碱中毒、一氧化碳中毒、汞中毒、甲醇中毒、苯中毒、硫化氢中毒、氰化物中毒、铅中毒、甲醛中毒、环氧乙烷中毒等。《职业病分类和目录》（国卫疾控发〔2013〕48号）中规定了60种职业性化学中毒，除最后一条的开放性条款外，其余均明确了引起中毒的化学物质。

15.2.2 职业中毒事故特点

（1）突发性

化学毒物作用迅速，危及范围广，其引起的中毒事故往往是突发的和难以预料的。

（2）群体性

由于中毒事故多发生于公共场所，有统一污染源，因此容易出现同一区域的群体性中毒特点。若短时间内出现大批化学毒物中毒，需要同时救护，则为事故应急救援工作带来极大的挑战。

（3）紧迫性

导致中毒事故的很多化学毒物毒性较强，可导致突然死亡，也有很多毒物的中毒过程往往呈进行性加重，有的可能造成亚急性中毒。因此，实施救治和毒物清除具有紧迫性。

（4）快速性和高度致命性

硫化氢、氮气、二氧化碳在较高浓度下均可于数秒钟内使人发生"电击样"死亡，其致病机制一般认为与急性反应性喉痉挛、反应性延髓中枢麻痹或呼吸中枢麻痹等有关。

（5）复杂性

中毒事故有时初期很难确定为何种化学毒物所引起，毒物检验鉴定需要一定的设备和时间，大部分中毒是根据现场情况和临床表现而进行判断的，容易出现误诊、误治。中毒事故现场救治需要专业的医学救治队伍，否则容易造成救援人员中毒，而且，大多数化学毒物没有特效解毒剂，往往需要较强的综合救治能力，如生命体征监护与支持、高压氧、血液净化等特殊手段。

（6）作用时间长

中毒事故后化学毒物的作用时间比较长，有持久性的特点。一是因为进入人体内的毒物稀释、排泄或解毒需要一定的手段和时间；

二是因为被污染的空气、土壤和水，在未经有效处置和防护的情况下，可能会引起二次中毒。

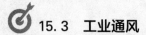 15.3 工业通风

15.3.1 工业通风及其作用

为了达到职业安全健康标准和环境粉尘以及有害物浓度标准，一个重要的措施就是进行工业通风。通风泛指空气流动，通风系统是指促使空气流动的动力、通风风路及其相关设施等的组合体；工业通风是指既将外界的新鲜空气送入有限空间内，又将有限空间内的粉尘和其他有害气体等排至外界。这里"有限空间"，指的范围较广，既可以指建筑物，又可以指隧道、地下巷道、坑道、硐室，还可指容器等。

工业通风主要有三个作用：一是稀释或排除生产过程中产生的毒害、爆炸气体以及粉尘，促进工业安全生产；二是给作业场所送入足够量和质量的空气，供作业人员呼吸；三是调节作业场所的温度、湿度等气象条件，为作业人员提供舒适的作业环境。

15.3.2 通风方法的分类

（1）按通风系统的工作动力分类

1）自然通风。自然通风是指自然因素作用形成的通风现象，是由于有限空间内外空气的密度差、大气运动、大气压力差等自然因素引起有限空间内外空气存在能量差后，促使有限空间的气体流动并与大气交换的现象。锅炉或电厂中的烟囱就是一例，它是依靠烟囱内外空气的密度差引起有限空间内外空气能量差后，促使烟囱的气体流动并与大气交换的现象。

自然通风在大部分情况下是有益的，如在建筑通风换气中，它

不需要消耗机械动力，节约能源，使用管理简单，也不存在噪声问题，同时在适宜的条件下又能获得很大的通风换气量。如产生大量余热的车间，自然通风具有降温除湿改善作业场所气象参数和通风换气改善有限空间空气质量（如增加新鲜空气，排除各种毒害、爆炸气体等）两大功能，是一种经济有效的通风方式。

然而，自然通风也有不利的方面：一是自然进入有限空间的空气很难预先进行处理，同样从有限空间排出的污浊空气也无法进行净化处理；二是由于风压和热压均会受到自然条件的约束，换气量很难人为地控制，通风效果不够稳定；三是某些情况下自然通风对安全不利，如建筑物发生火灾时，室内温度高于室外温度，建筑物内的各种竖井成为火灾垂直蔓延的主要途径，如果此时通风换气只会助长火势，扩大灾情。

2）机械通风。机械通风是指依靠通风机械设备作用使空气流动，达到有限空间通风换气目标的方法。由于通风机械设备产生的风量和风压可根据需要确定，因此这种通风方法能保证所需要的通风量，控制有限空间内的气流方向和速度，可对进风和排风进行必要的处理，使有限空间空气达到所要求的参数。该方法的缺点是机械通风系统需要消耗电能以维持通风机运转，通风机和风道等设备要占用一定建筑面积和空间，工程造价相对较高，维护费用相对较大，安装和管理也相对复杂。

3）自然—机械联合通风。这种方法是指自然因素和通风机械设备联合作用而形成的通风方式，也就是在自然因素作用形成的空气流动的区域，再通过通风机械设备使得空气按人为方向流动的方法。在通风设计时应当注意，自然—机械联合通风方式中，有时自然因素和通风机械设备共同促使空气按人为方向流动，有时自然因素则阻止空气按人为方向流动。

（2）按通风系统的作用范围分类

1）全面通风。全面通风也称作稀释通风，是指在一个作业场所内全面地进行通风换气，用新鲜空气稀释或全部替换作业场所内污浊空气，使整个作业场所内的空气环境符合卫生标准。全面通风用于当工作场所内有害物质的扩散无法控制在一定范围或有害物质散发的位置不能确定时。采用全面通风方式时，应不断向作业场所提供新鲜空气或符合一定要求的空气，同时从作业场所内排除污浊空气，以维持作业场所内良好的工作环境。要使全面通风发挥其应有的作用，首先要根据作业场所用途、生产工艺布置、有害物散发源位置及特点、人员操作岗位和其他有关因素合理地组织气流，然后通过实际资料和计算取得热、湿、有害气体散发数据，以确定合适的全面通风换气量。

2）局部通风。局部通风是指在作业场所中某些局部地区建立良好空气环境或在有害因素扩散前将其从发生源排出，以防其沿整个工作场所扩散的通风系统，是一种经典的局部控制方法。在工作场所中，局部通风所需的投入比全面通风少，取得的效果有时却比全面通风好。

局部通风系统由吸风（吸尘或吸气）罩、风道、除尘或净化设备和风机组成，每一部分设计、选型是否正确合理，均会影响系统的效果。

（3）按通风系统的机械设备分类

1）抽出式通风。通风机械设备产生负压或真空后，待通风换气区域的污浊空气由通风机械设备吸出并送至外界，这种通风方法称为抽出式通风。其特征是，待通风换气区域的空气压力低于外界空气压力，通风设备的入口与待通风换气的区域相连，通风设备的出口与外界空气相连，待通风换气区域的新鲜空气通过通风机械设备产生负压或真空来补充。在地面通风中，抽出式通风也称为排风或吸风。

2）压入式通风。将通风机械设备提供的大于外界空气压力的空气送入待通风换气区域的方法称为压入式通风。其特征是，待通风换气区域的空气压力大于外界空气压力，通风设备的出口与待通风换气的区域相连，通风设备的入口与外界空气相连。在地面通风中，压入式通风也称为送风。

3）混合式通风。混合式通风是压入式和抽出式两种通风方法的联合运用，兼有压入式和抽出式特点。其中，压入式将通风机械设备提供的大于外界空气压力的新鲜空气送到待通风换气区域，抽出式由通风机械设备将待通风换气区域的污浊空气吸出并送至外界。

15.3.3　工业通风机械设备

（1）常用工业通风机械设备分类

1）按产生风流的方式，可分为叶轮旋转式通风机和流体射流通风器。叶轮旋转式通风机通过电机使得叶轮旋转而产生风量、风压，也就是通常所称的通风机；流体射流通风器通过一定压力的液体或气体在风管中喷射后的射流卷吸作用而产生风量、风压，效率比较低，但它无机械运转设备。叶轮旋转式通风机比流体射流通风器效率高，应用非常广泛。但在一定场合下，如在有爆炸性气体或粉尘场所，流体射流通风器则显示出其优越性。

2）按产生空气压力的高低，可分为通风机和鼓风机。

3）按气流运动方向可分为：

①轴流式通风机。使气流轴向进入风机叶轮后，在旋转叶片的流道中又沿着轴向流动的通风机。相对于离心式通风机，轴流式通风机具有流量大、体积小、压力低的特点。

②离心式通风机。气流进入旋转的叶片通道后，在惯性力作用下被压缩并沿着通风机径向流动。

③横流式通风机。横流式通风机也称贯流式通风机，其内有一个筒形的多叶叶轮转子，气流沿着与转子轴线垂直的方向，从转子一侧的叶栅进入叶轮，然后穿过叶轮转子内部，通过转子另一侧的

叶栅，将气流排出。这种通风机因具有薄而细长的出口截面，而不必改变气流流动方向，适合装置在扁平或细长形的设备里。

④混流式（斜流式）通风机。混流式通风机的叶轮轮毂和主体风筒的形状为圆锥形，气流的方向处于轴流式和离心式之间，气流以与叶轮主轴成某一角度方向进入旋转叶道，沿近似圆锥面流动，故称为斜流式（混流式）通风机。这种通风机兼有轴流式和离心式通风机的特点，其压力系数比轴流式通风机高，而流量系数比离心式通风机高。

4）按通风机械服务范围，可分为主通风机和局部通风机。主通风机是指为整个通风系统服务的通风机，局部通风机是指为通风系统局部区域服务的通风机。以矿井为例，安设在地面的为整个矿井服务的通风机为主通风机，为矿井施工地点服务的通风机为局部通风机。

5）按用途分类，一般可分为：

①一般通风换气用通风机。这种通风机适宜输送温度低于 80 ℃的气流，一般是供工厂及各种建筑物通风换气或采暖通风用，要求压力不高，但噪声小，可采用离心式或轴流式通风机。

②行业专用通风机。由于各个行业、场所对通风的压力和流量等的要求不同，因此，形成了行业专用通风机。如矿用通风机、隧道用通风机、船用通风机、粮食加工用通风机、工业锅炉用通风机、纺织作业用通风机等。

③特殊要求通风机。由于很多作业场所存在高温气体、爆炸性气体、腐蚀性气体以及粉尘等，因此对通风机有特殊要求。这类通风机主要有防爆通风机、防腐通风机、高温通风机和防尘通风机等。

④其他类型通风机。其他类型通风机是指上述未提及的专用通风机。如用于各类建筑物的室内换气而安装于建筑物屋顶上的通风机，其材料可用钢或玻璃钢制作，有离心式和轴流式两种。

（2）离心式通风机及其工作原理

离心式通风机一般由前导器、进风口、工作轮、螺旋形机壳、主轴、排气口等部分组成。其中，工作轮是对气流做功的部件，由呈双曲线形的前盘、呈平板状的后盘和夹在两者之间的轮毂以及固定在轮毂上的叶片组成。进风口有单吸和双吸两种。在进风口与叶（动）轮之间装有前导器（有些通风机无前导器），使进入叶（动）轮的气流发生预旋绕，达到调节性能的目的。叶轮安装在蜗壳内，当电机通过传动装置带动叶轮旋转时，气流经过进气口被轴向吸入，叶片流道间的气流随叶片旋转而旋转，在惯性作用下，气体约折转90°变为垂直于通风机轴的径向运动流经叶轮叶片构成的流道，经叶端被抛出叶轮，进入螺旋形机壳，螺旋形机壳将叶轮甩出的气流集中、导流，其内速度逐渐减小，压力升高，再从通风机出气口或出口扩压器排出。与此同时，在叶片入口（叶根）形成较低的压力（低于进风口压力），于是，进风口的气流便在此压差的作用下流入流道，自叶根流入，在叶端流出，如此源源不断地形成连续的流动。

（3）轴流式通风机及其工作原理

轴流式通风机主要由进风口、叶轮、整流器、风筒、扩散器（芯筒）和传动部件等部分组成。其中，进风口是由集流器与整流罩构成断面逐渐缩小的进风通道，使进入叶轮的气流均匀，以减小阻力而提高效率。叶轮的作用是增加气流的压力，由固定在轴上的轮毂和以一定角度安装其上的叶片组成，可分为一级和二级叶轮两种，叶轮前装有翼栅。叶片的形状为中空梯形，横断面为翼形，沿高度方向可做成扭曲形。整流器安装在每级叶轮之后作为固定轮，其作用是整直由叶片流出的旋转气流，减小动能和涡流损失。扩散器（芯筒）是使从整流器流出的气流逐渐扩大到整个断面，使部分动压转化为静压。

当叶轮旋转时，气体从集流器轴向进入，翼栅即以圆周速度移动。处于叶片迎面的气流受挤压，静压增加；与此同时，叶片背部的气流静压降低，翼栅受压差作用但受轴承限制，不能向前运动，于是叶片迎面的高压气流流入导叶，导叶将一部分偏转的气流动能变为静压能，最后气流通过扩散器将一部分轴向气流动能转变为静压能，然后从扩散器轴向流出。

第 *16* 讲

物理因素危害防治

🎯 16.1　物理因素概述

物理因素是自然界环境一类因素的总称。从职业病危害因素分类的角度来看，物理因素的主要特点是以能量的形式存在于工作场所中并作用于人体。

16.1.1　物理因素分类

物理因素种类很多，通常分为以下几类：

（1）不良气象条件，如高温、低温、高气压、低气压、高湿等。

（2）非电离辐射，如射频辐射、红外辐射、紫外辐射、激光等。

（3）噪声、超声波、次声波等。

（4）振动，如手传振动、全身振动等。

（5）其他，如加速度、失重等。

16.1.2　物理因素特点

与化学因素（毒物）相比，工作场所中的物理因素具有以下特点：

（1）到目前为止，除了激光是由人工产生的，其他物理因素在自然界中均有存在。正常情况下，这些因素不但对人体无害，反而是人体生理活动或是从事生产劳动所需要的。

（2）每一种物理因素都具有特定的物理参数，这些参数决定了物理因素对人体的影响以及危害的程度。如表示气温的温度，振动的频率和速度，电磁辐射的强度等。

（3）物理因素一般有明确的来源。当产生物理因素的装置处于工作状态时，其产生的物理因素可以引起环境污染，影响人体健康。一旦该装置停止工作，则相应的物理因素便消失。

（4）物理因素的强度一般是不均匀的，多以产生的装置为中心，向四周传播。如果物理因素的传播没有被阻挡，则强度随距离的增加呈指数关系衰减。如果在传播的过程中遇到障碍，则有可能产生反射、折射、绕射等现象，进而改变其分布特点。在进行现场调查、采取保护措施时要注意这一特点，并加以利用。

（5）有些物理因素，如噪声、微波等，可以连续波和脉冲波等形式传播。这种性质的不同使得这些因素对人体的危害程度有较大差异，在进行现场调查和分析时应加以区分，特别是制定职业卫生标准时，需要分别制定职业接触限值。

（6）多数情况下，物理因素对人体的损害效应不与其物理参数之间呈直线的相关关系，常表现为在某一强度范围内对人体是无害的，甚至是有益的，高于或低于这一范围则会对人体产生不良影响。例如，正常气温、气压对人体生理功能是必需的、有益的，但高温可引起中暑，低温可引起冻伤或冻僵，高气压可引起减压病，低气压可引起高山病，也称高原病等。研究物理因素对人体的影响，除了应关注物理因素的危害，还应研究其"适宜"的范围，如适宜温度、适宜照明等，以便为劳动者创造良好的工作环境。

除了某些放射性物质进入人体可以产生内照射外，绝大多数的物理因素在脱离接触后，不会在体内有该因素的残留。因此对物理因素所致损伤或疾病的治疗，不需要采用驱除或排出的方法，而主要是针对受损害的组织器官和病变特点采取相应的治疗措施。人体在接触物理因素一段时间后，大多会产生适应现象。一方面，可以利用此适应现象来保护职业人群的健康；另一方面，需要注意这种保护现象仅局限在一定的范围之内，不能因此忽视必要的预防措施。

根据物理因素的上述特点，在工作场所对物理因素进行职业健康调查、评价或针对物理因素危害采取预防措施时，需要根据具体情况作出判断。有些情况下，不一定必须消除某一因素，也不是将其强度降得越低越好，而是设法将这些因素控制在正常范围内。如果条件允许，尽量使其保持在适宜范围内。

随着生产发展和技术进步，劳动者接触的物理因素越来越多，如超声波、次声波、工频电磁场、超高压直流电场、超重和失重等，这些新因素应引起科技工作者的重视并及时加以研究。

16.2 常见物理因素及其危害

16.2.1 高温

高温是工作场所常见的物理性有害因素。由于温室效应的影响，全球气温不断上升、夏季人们经常要面对酷热难耐的天气，高温的影响呈现逐渐加重的趋势。

高温作业是指生产劳动过程中湿球黑球温度（WBGT）指数等于或大于 25 ℃的作业。

WBGT 指数是指检测点的干球温度、湿球温度和黑球温度根据人体的生理特点加权以后得出的数值，单位用℃表示。WBGT 指数能够较好地反映人体对温度、湿度、气流速度（风速）和热辐射的生理感受。

（1）高温作业的类型

按照气象条件的特点，可将高温作业分为下面三个基本类型。

1）高温、强热辐射作业。工作环境的气象特点是：气温高、热辐射强度大、相对湿度较低，形成干热环境。例如，冶金工业的炼焦、炼铁、轧钢等车间；机械工业的铸造、锻造、热处理等车间；

陶瓷、玻璃、搪瓷、砖瓦等工艺的炉窑车间；火力发电厂和轮船的锅炉间等。

2）高温、高湿作业。工作环境的气象特点是：气温高、湿度大，热辐射强度不大。高湿环境的形成，主要是由于生产过程中产生大量的水蒸气或生产工艺要求车间内保持较高的相对湿度所致。例如，印染、缫丝、造纸等工艺，车间气温可达35 ℃以上，相对湿度达90%以上；有些潮湿的深矿井中气温在30 ℃以上，相对湿度可达95%以上，也形成了高温、高湿环境。

3）夏季露天作业。夏季气温较高时，从事室外作业，如农田劳动、建筑、搬运等露天作业，人体除受太阳的直接辐射作用外，还受到加热的地面和周围物体的二次热辐射，且持续时间较长，形成温度高、强热辐射的工作环境。

（2）高温作业对人体的影响

高温作业时，人体会出现一系列生理功能的改变，许多系统功能会受到不同程度的影响，严重的情况下可以引起中暑等疾病。

1）体温调节失常。正常人的体温相对恒定，以保证机体生命活动的正常进行。当环境温度变化时，人体可以通过一系列的调节，如气温升高时出汗量增加，以维持体温的相对稳定。

高温作业时，人体一方面从环境中接收许多热量，另一方面人体产生的热量也大量增加，体内的热量如果不能及时散发出去，就引起热量的蓄积，进一步发展使体温升高，严重者引起中暑。

2）水和盐的代谢紊乱。在高温环境下工作，人体为了维持正常体温，必须将多余的热量散失掉，出汗后汗液的蒸发是重要的散热方式，一般高温下劳动者一个工作日出汗量可达3 000~4 000 g，某些特殊作业环境一天的出汗量可达5 000 g以上。汗液中除了水分以外，还含有大量盐分，高温作业劳动者一天经汗液排出的盐分可达20~25 g。因此，大量出汗会导致人体内水和盐的代谢紊乱，从而引起相应的疾病。

3）循环系统病症。血液供求矛盾使得循环系统处于高度应激状态：一方面，高温作业环境下从事体力劳动时，心脏不仅要向扩张的皮肤血管网输送大量血液，以便有效地散热，而且还要向工作肌输送足够的血液，以保证工作肌的活动和维持正常的血压。另一方面，由于机体不断出汗，大量水分丢失，可导致有效血容量的减少。心脏向外周输送血液的能力取决于心排出量，而心排出量又依赖于心率和有效血容量。如果高温作业的劳动者在劳动时已达最高心率，且机体热蓄积不断增加，则不可能通过增加心排出量来维持血压和肌肉的灌流，就可能导致热衰竭。

4）消化系统病症。高温作业时，机体的血液重新分配，消化系统血流减少，常导致消化液分泌减少，消化酶活性和胃液酸度（游离酸和总酸）降低；胃肠道收缩和蠕动减弱，排空的速度减慢。这些因素均可引起食欲减退和消化不良，导致胃肠道的疾病增加。

5）神经系统病症。高温作业对中枢神经系统产生抑制作用，造成注意力不集中，动作的准确性和反应速度降低，不仅导致工作效率降低，而且易导致生产安全事故。

6）热习服。热习服又被称为热适应，是指对高温环境不适应的人反复暴露于高温环境或在高温环境中工作一段时间后，通过调节机体的代偿能力，对热的耐受性有一定程度提高。一般在高温环境劳动两周以上时间，就可产生热适应。在组织进行高温作业的劳动时，应当注意这一现象，如夏季尽量避免临时安排新工人进入高温车间工作。

（3）中暑

中暑是指在高温作业环境下，由于热平衡和（或）水电解质代谢紊乱、有效循环血量减少而引起的以体温升高和（或）中枢神经系统功能障碍和（或）心血管功能障碍等为主要表现的急性全身性疾病。

1）致病因素。常见发生中暑的作业包括高温、强辐射热作业，如冶炼、炉窑边作业等；高温、高湿作业，如印染、缫丝、深矿井作业等；夏季露天作业，如夏天的建筑、施工、农田劳动、环卫等室外作业；夏季高强度作业，如体育竞赛和军事训练等。

2）分型。目前国际上将热相关疾病分为热皮疹、热水肿、热晕厥、热痉挛、热衰竭、热射病等，而中暑一般仅指热射病。我国通常将中暑分为热痉挛、热衰竭、热射病三型，且临床表现常相互伴随存在，很难截然分开。

①热痉挛。是一种短暂、间歇发作的肌肉痉挛，可能与钠盐丢失相关，常发生于初次进入高温环境工作，或运动量过大时，大量出汗且仅补水者，及时处理后，一般可在短时间内恢复。

②热衰竭。是在高温环境下，体液、体钠丢失过多，水电解质紊乱导致的以有效循环血容量不足为特征的一组临床综合征，热衰竭如得不到及时诊治，可发展为热射病。

③热射病。常见于高温高湿环境下进行高强度训练或从事重体力劳动者，多数患者起病急，少数有数小时至 1 天左右的前驱期，表现为乏力、头痛、头晕、恶心、呕吐等。典型症状为急骤高热、皮肤干热和不同程度的意识障碍，严重者可引起多器官功能障碍，常可遗留神经系统后遗症。日射病是指夏季露天作业，太阳辐射直接作用于头部而引起的中暑，由于日射病的病理和临床表现与热射病基本相同，因而将日射病归于热射病中。

3）中暑先兆。中暑先兆是指在高温作业环境下工作一定时间后，出现头晕、头痛、乏力、口渴、多汗、心悸、注意力不集中、动作不协调等症状，体温正常或略有升高但低于 38 ℃，可伴有面色潮红、皮肤灼热等，短时间休息后症状即可消失。中暑先兆不属于中暑诊断范畴。

4）诊断原则。诊断职业性中暑，应了解患者作业场所的气象条件，如气温、湿度和（或）热辐射强度。

①热痉挛症状。在高温作业环境下从事体力劳动或体力活动，

大量出汗后出现短暂、间歇发作的肌痉挛，伴有收缩痛，多见于四肢肌肉、咀嚼肌及腹肌，尤以腓肠肌最为显著，呈对称性；体温一般正常。

②热衰竭症状。在高温作业环境下从事体力劳动或体力活动，出现如多汗、皮肤湿冷、面色苍白、恶心、头晕、心率明显增加、低血压、少尿等症状，体温常升高但不超过 40 ℃，可伴有眩晕、晕厥，部分患者早期仅出现体温升高。实验室检查可见血细胞比容增高、高钠血症、氮质血症。

③热射病（包括日射病）症状。在高温作业环境下从事体力劳动或体力活动，出现以体温明显增高及意识障碍为主的临床表现，表现为皮肤干热，无汗，体温高达 40 ℃及以上，谵妄、昏迷等；可伴有全身性癫痫样发作、横纹肌溶解、多器官功能障碍综合征。

5）急救原则：

①中暑先兆。立即使患者脱离高温环境，转移到通风阴凉处休息、平卧。给予其含盐清凉饮料及对症处理，并密切观察。

②热痉挛。纠正水与电解质紊乱及对症治疗。

③热衰竭。给予其物理降温和（或）药物降温，并注意监测体温，纠正水电解质紊乱，扩充血容量、防止休克。

④热射病。快速降温，持续监测体温，保护重要脏器功能，支持呼吸循环，改善微循环，纠正凝血功能紊乱，对出现肝肾功能衰竭、横纹肌溶解者，早期予以血液净化治疗。热射病在诊断和急救上应与其他引起高热并伴有意识障碍的疾病区分开，如脑炎和脑膜炎、脑型疟疾、产后感染、急性脑血管病昏迷等。

（4）高温作业职业接触限值

高温作业时，人体与环境的热交换和平衡不仅与气象因素相关，而且受劳动过程中代谢产热的影响。制定卫生标准应以机体热应激不超出生理范围（如直肠体温≤38 ℃）为依据，对气象等多个因素及劳动强度作出相应的规定，以保证劳动者的健康。

高温作业过程中，体内能量代谢大量增加，产热量也随之上升，容易引起机体蓄热。人体的热负荷除了受工作环境气象因素的影响以外，还与体力劳动强度和接触高温作业的时间有关，前者按照体力劳动强度分级予以确定，后者采用接触时间率（见表16-1）来确定。

表16-1　工作场所不同体力劳动强度WBGT限值（℃）

接触时间率	体力劳动强度			
	I	II	III	IV
100%	30	28	26	25
75%	31	29	28	26
50%	32	30	29	28
25%	33	32	31	30

注：接触时间率是指劳动者在一个工作日内实际接触高温作业的累计时间与8 h的比率。

此外，根据人体热适应的特点，接触限值中还规定本地区室外通风设计温度≥30 ℃的地区，表16-1中规定的WBGT指数限值相应增加1 ℃。

在实际工作中，体力劳动强度分级可以参照表16-2予以划分。必要时也可按照相关规定进行测量和计算。

表16-2　　常见职业体力劳动强度分级表

体力劳动强度分级	职业描述
I（轻劳动）	坐姿：手工作业或腿的轻度活动（正常情况下，如打字、缝纫、脚踏开关等） 立姿：操作仪表，控制、查看设备，上臂用力为主的装配作业
II（中等劳动）	手和臂持续动作（如锯木头等），臂和腿的工作（如卡车、拖拉机或建筑设备等非运输操作等），臂和躯干的工作（如锻造、风动工具操作、粉刷、间断搬运中等重物、除草、锄田、摘水果和蔬菜等）

续表

体力劳动强度分级	职业描述
Ⅲ（重劳动）	臂和躯干负荷工作（如搬重物、铲、锤锻、锯刨或凿硬木、割草、挖掘等）
Ⅳ（极重劳动）	大强度的挖掘、搬运、快到极限的极强活动

16.2.2 低温

低温作业是指生产劳动过程中，工作地点平均气温≤5 ℃的作业。例如，在寒冷季节从事室外、室内无采暖的作业，或在冷藏设备的低温环境中以及在极地的作业等。

（1）低温的接触机会

1）冬季在寒冷地区或极地从事露天或野外作业，如建筑、装卸、农业、渔业、地质勘探、野外考察研究等。

2）在人工低温环境中工作，如储存肉类的冷库和酿造业的地窖等。这类低温作业的特点是没有季节性。

3）在暴风雪中迷途、过度疲劳、船舶遇难、飞机迫降等意外事故。

4）寒冷天气中的战争或训练。

5）人工冷却剂的储存、运输和使用过程中发生意外。

（2）低温对人体的影响

在低温环境中，人体散热加快，引起身体各系统一系列生理变化，可以造成局部性或全身性损伤，如冻伤或冻僵，甚至引起死亡。

1）体温调节障碍。低温环境使人体深部体温下降，从而引起一系列保护性或代偿性的生理反应，如颤抖、人体表面血管收缩等。脂肪的利用使产热增多，有利于维持体温恒定。人体具有适应寒冷的能力，但有一定的限度。如果在寒冷（低于-5 ℃）环境下工作时间过长，或浸于冷水中（使皮温及中心体温迅速下降），超过适应能力，体温调节发生障碍，则体温降低，甚至出现体温过低，影响机体功能。

2）中枢神经系统变化。若人身深部体温降至 32.2~35 ℃，可出现健忘、说话结巴和空间定向障碍等症状。低温可降低反应速度和操作的灵活性，容易引起生产安全事故。

3）心血管系统变化。初期表现为心率加快、心排出量增加；后期则表现为心率减慢，心排出量减少。体温过低会影响心肌的传导系统。

4）体温过低。一般将中心体温 35 ℃或以下称为体温过低。体温 35 ℃时，寒战达到最大限度，体温再降低，寒战停止，逐渐出现一系列临床症状和体征，如血压降低、脉搏减少、瞳孔对光反应消失等，甚至出现肺水肿、心室纤颤和死亡。在寒冷环境中，大量血液由外周流向内脏器官，中心和外周之间形成温度梯度，易出现四肢或面部的局部冻伤。

（3）低温作业分级

按照工作场所的温度和低温作业时间率，可将低温作业分为 Ⅰ~Ⅳ级，级数越高，冷强度越大（见表 16-3）。

表 16-3　　　　低温作业分级（GB/T 14440—93）

低温作业时间率（%）	温度范围（℃）					
	≤5~0	<0~-5	<-5~-10	<-10~-15	<-15~-20	<-20
≤25	Ⅰ	Ⅰ	Ⅰ	Ⅱ	Ⅱ	Ⅲ
>25~50	Ⅰ	Ⅰ	Ⅱ	Ⅱ	Ⅲ	Ⅲ
>50~75	Ⅰ	Ⅱ	Ⅱ	Ⅲ	Ⅲ	Ⅳ
>75	Ⅱ	Ⅱ	Ⅲ	Ⅲ	Ⅳ	Ⅳ

注：凡低温作业地点空气相对湿度平均等于或大于 80%的工种应在本标准基础上提高一级。

16.2.3 异常气压

在某些情况下，由于工作场所的气压与正常气压相差较大，如不注意防护，可引发劳动者严重的健康损害，甚至死亡。

（1）高气压

1）高气压的接触机会：

①潜水作业。水下施工、打捞沉船或海底救护等均属于潜水作业。潜水员每下沉 10.3 m，压力可增加 101.33 kPa（一个标准大气压），称为附加压。附加压与水面大气压之和为总压，又称绝对压。潜水员在水下工作，需要穿戴特制的潜水服，并通过一条导管将压缩空气送入潜水服内，使其压力等于从水面到潜水员作业点的压力差。

②潜涵作业。潜涵作业又称沉箱作业。潜涵是一种下方敞口的水下施工设备，沉入水下时需通入等于或高于水下压力的高压空气，以保证水不至于进入其中。劳动者在潜涵内工作即暴露于高气压环境中，如水底施工建桥墩、坝基，海底矿产资源的勘探与开发等。

③其他。如临床上的加压治疗舱和加压氧舱，气象学上高气压科学研究舱的作业等。

2）高气压对人体的影响。在高气压下，空气各成分的分压都相应升高，经过呼吸和血液循环，溶解于人体内的量也相应增加。高压空气中，溶解氧可被机体组织所消耗，在一定分压范围内是安全的。氮气仅单纯以物理溶解状态溶于体液和组织，在体内既不能被机体利用，也不与机体内其他成分结合。如潜水作业时人体每下潜 10 m，可多溶解 1 L 氮气。

在高气压环境下，主要表现为氮的麻醉作用，如酒醉样表现、意识模糊、产生幻觉等症状，对心血管运动中枢可以产生刺激作用，如血压升高、血流速度加快等。加压过程中，外耳道所受压力较大，可引起鼓膜内陷而产生内耳充塞感、耳鸣和头晕，甚至鼓膜破裂等症状。

3）减压病。减压病是指在高气压环境下工作一定时间后，在转向正常气压时，因减压过速所致的职业病。此时人体组织和血液中会产生气泡，可引起血液循环功能障碍和组织损伤。

①临床表现。急性减压病大多在数小时内发病。有研究显示，减压后 1 h 内发病者占 85%，6 h 内发病者占 99%。6~36 h 发病者仅占 1%，超过 48 h 仍无症状者，以后发病的可能性极小。一般减压越快，症状出现越早，病情也越重。减压病在人体各系统的主要表现症状如下：

——皮肤。较早、较常见的症状为瘙痒，并伴有灼热感、蚁走感，主要由于气泡对皮下感觉神经末梢直接刺激所引起的。若皮下血管有气泡栓塞，可反射性引起局部血管痉挛与表皮微血管的继发性扩张、充血及瘀血，可见皮肤发绀，呈大理石样斑纹。此外，可见水肿或皮下气肿症状等。

——肌肉、关节、骨骼。气泡若形成于肌肉、关节、骨骼等处，可引起疼痛。关节酸痛为减压病的常见症状，重者可呈现跳动样、针刺样、撕裂样剧痛，迫使患者关节呈半屈曲状态，又称屈肢症。骨质内气泡所致的远期后果可产生减压性或无菌性骨坏死。

——神经系统。大多发生在供血差的脊髓，可引起截瘫、四肢感觉和运动功能障碍及直肠、膀胱功能性麻痹等。若脑部受损害，可出现头痛、眩晕、呕吐、感觉异常、运动失调、偏瘫等症状。若视觉、听觉系统受损害，可产生眼球震颤、复视、失明、听力减退及内耳眩晕综合征等。

——循环、呼吸系统。若循环系统出现大量的气泡栓塞，可引起心血管功能障碍，如脉搏变弱、血压下降、心前区紧压感、皮肤和黏膜发绀、四肢发凉、局部水肿等。若有大量气泡在肺小动脉和毛细血管内，可引起肺梗死、肺水肿，表现为剧咳、咯血、呼吸困难、发绀、胸痛等症状。

——其他。若大网膜、肠系膜和胃血管中有气泡栓塞时，可出现腹痛、恶心、呕吐等症状。

②诊断及处理原则

——疾病诊断。根据《职业性减压病的诊断》（GBZ 24—2017）和临床表现，可分别诊断为急性减压病、减压性骨坏死。

——处理原则。对减压病的唯一根治手段是及时加压治疗以消除气泡。减压病可根据发病情况，使用高压氧舱来治疗。

（2）低气压

一般情况下，将海拔在 3 000 m 以上的地区，称为高原地区。高原地区属于低气压环境，海拔越高，氧分压越低，越易引起人体缺氧。另外，高原和高山地区还有强烈的紫外辐射、红外辐射，日温差大，气候多变等不良气象条件。

1）低气压对人体的影响。低气压对健康的影响与海拔上升的速度、到达的高度和个体易感性（如有无高原病史、是否为海拔 900 m 以上高原地区常住居民、劳累程度、年龄、疾病状态，特别是否有呼吸道感染）等因素有关。

在高海拔、低氧环境下，人体细胞、组织和器官从适应性变化，逐渐过渡到稳定的适应状态称为习服。习服通常需要 1~3 个月的时间。人对缺氧的适应，个体差异很大，一般在海拔 3 000 m 以内，都能较快适应；3 000~5 330 m 时，部分人员需较长时间适应；5 330 m 为人的适应临界高度。

高原地区大气氧分压与人体肺泡内氧分压之差会随着海拔的增加而缩小，这直接影响到肺泡内的气体交换，使机体供氧不足，产生缺氧。初期，由于低氧刺激外周化学感受器，大多数人表现为肺通气量增加，心率增加，部分人表现为血压升高；适应后，心搏量增加，大部分人血压正常。有些人则表现为肺动脉高压，且随海拔升高而增高，严重者可导致右心室肥大。

血液方面，红细胞和血红蛋白则随海拔升高而增多，血液黏稠性增加，是加重右心室负担的因素之一。此外，初登高山者可因低气压环境，出现腹内气体膨胀，胃肠蠕动受限，消化液如唾液、胃液、胆汁分泌减少，腹泻、上腹疼痛等症状。轻度缺氧可使神经系统兴奋性增高、反射增强等。但随着海拔的持续升高，神经系统的反应性则逐步下降。

2) 高原病。职业性高原病是指在高海拔、低氧环境下从事职业活动所致的一类疾病，低气压性缺氧是该病的主要病因。按发病时间可将高原病分为急性高原病和慢性高原病两种类型：急性高原病包括急性高原反应、高原脑水肿、高原肺水肿；慢性高原病包括高原红细胞增多症和高原心脏病。

①急性高原病：

——急性高原反应。短时间内进入海拔 3 000 m 以上高原时，可出现头痛、头晕、心悸、胸闷、胸痛、恶心、呕吐、食欲减退、发绀、面部轻度水肿、口唇干裂、鼻出血等症状，有些人会出现酩酊感、失眠等。急性高原反应多发生在登山后 24 h 内，大部分症状在 4~6 天内基本消失。

——高原肺水肿。迅速攀登超过海拔 4 000 m 的高原时，可引起高原肺水肿。过度用力和缺乏习服是该病的诱因，症状包括干咳、发绀、咯大量血性泡沫样痰、呼吸困难、胸痛等。

——高原脑水肿。一般在海拔 4 000 m 以上发病，多为未经习服的登山者。高原脑水肿发病率低，但病死率高。缺氧可引起大脑脑脊液压力升高，血管通透性增强，产生脑水肿，还可以直接损害大脑皮层，引起脑细胞变性、坏死等。患者可出现剧烈头痛、兴奋、失眠、恶心和呕吐，以及脑神经麻痹、瘫痪、幻觉、癫痫样发作和昏迷等一系列神经症状。

②慢性高原病。慢性高原病是指失去了对高海拔的适应而产生慢性肺源性心脏病，并伴有神经系统症状，常表现为发绀、红细胞增多、动脉血氧饱和度降低、肺动脉高压及右心室肥大等症状。返

回平原地区后许多症状可减退，甚至消失。

——高原红细胞增多症。多发生于海拔 3 000 m 以上，表现为头痛、头晕、乏力、睡眠障碍、发绀、结膜充血等症状。

——高原心脏病。多发生于海拔 3 000 m 以上，表现为乏力、心悸、胸闷、呼吸困难、咳嗽、发绀，重症者出现尿少、肝脏肿大、下肢水肿等症状。

③处理原则：应尽早发现，及时吸氧和对症治疗。症状较重的患者，需及时就地救治；若疗效不佳，应及早由高原转至平原或低海拔地治疗。如经治疗病情好转、病情稳定，但仍不能适应高原环境者，则应转往低海拔地。治疗过程中，应注意预防高原肺水肿和高原脑水肿的发生，一旦出现，须立即进行相应的急救处理。

16.2.4 噪声

噪声普遍存在于各种职业环境中，在许多生产劳动过程中都有可能接触，影响范围很广。长期接触一定强度的噪声，可以对人体产生不良影响，引起相关疾病。

（1）基本概念

1）声音。物体振动后，振动能在弹性介质中以波的形式向外传播，传到人耳引起的音响感觉称为声音。物体每秒振动的次数称为频率，单位是赫兹（Hz）。人耳能够感受到的声音频率为 20~20 000 Hz，称为声波。小于 20 Hz 的声波称为次声波，大于 20 000 Hz 的声波称为超声波。

随着科学技术的发展，超声波和次声波在工业生产、医疗、航海等方面均有广泛应用，对劳动者的危害也受到科研工作者的重视。

2）噪声。噪声是声音的一种，具有声音的物理特性。从职业健康的角度来看，凡是使人感到厌烦或不需要的声音都称为噪声。除了频率和强度无规律的组合所形成的使人厌烦的声音以外，其他如谈话的声音或音乐，对于不需要的人来说，也是噪声。

3）生产性噪声。生产过程中产生的声音，频率和强度没有规律，听起来使人感到厌烦，称为生产性噪声或工业噪声。

除此以外，还有交通噪声和生活噪声等。噪声除了对一般人群产生影响外，还对劳动者和办公楼、写字楼等地点的工作人员产生影响，造成职业危害。

生产性噪声的分类方法有很多种，按照来源通常分为以下三种：

①机械性噪声。机械的撞击、摩擦、转动所产生的声音，如冲压、打磨等发出的声音。

②流体动力性噪声。气体的压力或体积的突然变化，或流体流动所产生的声音，如空气压缩或释放（汽笛）发出的声音。

③电磁性噪声。如变压器所发出的"嗡嗡"声。

根据噪声随时间分布情况，生产性噪声可分为连续噪声和间断噪声。连续噪声按照其随时间的变化程度，又可分为稳态噪声和非稳态噪声。随着时间的变化，声强有效值变化<3 dB 称为稳态噪声，否则即为非稳态噪声。间断噪声是指在测量过程中，声级保持在背景噪声之上的持续时间≥1 s，并多次下降到背景噪声水平的噪声。此外，还有一类噪声称为脉冲噪声，是指声音持续时间<0.5 s，间隔时间>1 s，声强有效值变化>40 dB 的噪声。

对于稳态噪声，根据其频率特性可分为低频噪声（主频率在300 Hz 以下）、中频噪声（主频率为 300~800 Hz）和高频噪声（主频率在 800 Hz 以上）。此外，还可以根据频率范围分为窄频带噪声和宽频带噪声。

（2）声音的物理特性及评价

1）声强与声强级。声波具有一定的能量，用能量大小表示声音的强弱称为声强（单位为 dB）。人耳所能感受的声强范围很大，为了方便，在实践中引用了"级"的概念，用对数值来表示声强的等级，称为声强级。

根据声强级的原理进行计算，如果一个声音的强度增加一倍，则总的声强级增加 3 dB。根据同样的原理，如果一个作业场所的噪声强度通过治理减少了 3 dB，则表明治理措施使噪声强度（能量）减少了一半。

2）声压与声压级。由于压力便于测量，实际工作中，通常采用的方法是测量声压。声压是垂直于声波传播方向上单位面积所承受的压力。声压大，音响感强；声压小，音响感弱。例如，普通谈话声压级为 60~70 dB，载重汽车的声压级为 80~90 dB，球磨机的声压级可达 120 dB 左右，喷气式飞机附近的声压级甚至能达到 140~150 dB 或更高。

（3）噪声对人体的影响

早期人们只注意到长期接触一定强度的噪声，可以引起听力的下降和噪声性耳聋，火药发明后就有关于爆震聋的记载。后经过多年的研究证明，噪声对人体的影响是全身性的，除了对听觉系统影响外，也可对非听觉系统产生影响。

1）听觉系统。噪声对听觉系统功能的影响主要表现在听觉敏感度下降、语言接受和信号辨别能力差，严重时导致噪声聋。职业性噪声聋是指长期接触工业噪声引起内耳毛细胞病变导致听力损失，特点为感音性耳聋。

接触噪声的作业人员，随着时间的延长，一般先出现高频听力损伤，此时患者主观上常常感觉不到听力障碍；进一步发展则表现为语频（语言频段）听力损伤，患者主观感觉听力下降。听力损伤随着接触噪声的工龄和噪声强度的增加而增加。当噪声强度不超过 80 dB 时，不足以引起噪声性耳聋；超过 80 dB，随着声音强度增加或时间延长，听力损伤程度逐渐增加。因此将工作场所噪声强度不低于 80 dB 的作业定位为噪声作业。

噪声对作业人员听力损伤的影响存在的个体差异，称为噪声敏感性。对于敏感个体，一旦发现，应及时调离噪声作业岗位。

2）神经系统。听觉器官感受到噪声后，经听觉神经传入大脑，引起一系列神经系统反应，可出现头痛、头晕、心悸、睡眠障碍和全身乏力等神经衰弱综合征。有的表现为记忆力减退和情绪不稳定，如易激怒等。此外，可有闪烁融合频率降低，视力清晰度及稳定性下降等。自主神经中枢调节功能障碍主要表现为皮肤划痕试验反应迟钝。

3）心血管系统。心率可表现为加快或减慢，心电图 ST 段或 T 波出现缺血型改变。血压变化在早期可表现为不稳定，长期接触较强的噪声可以引起血压持续性升高。脑血流图呈现波幅降低、流入时间延长等特点，提示血管紧张度增加、弹性降低。

4）内分泌及免疫系统。有研究显示，在中等强度噪声（70～80 dB）作用下，肾上腺皮质功能增强；大强度噪声（100 dB）作用下，肾上腺皮质功能减弱。接触较强噪声的劳动者可出现免疫系统功能降低，接触噪声时间越长，变化越显著。

5）消化系统及代谢功能。可出现胃肠功能紊乱、食欲差、胃液分泌减少、胃紧张度降低、胃蠕动减慢等变化。有研究显示，噪声可引起人体脂肪代谢障碍，血胆固醇升高。

6）生殖系统及胚胎发育。国内外大量的流行病学调查表明，长时间接触噪声的女性有月经不调现象，表现为月经周期异常、经期延长、血量增多及痛经等，月经异常以年龄 20～25 岁、工龄 1～5 年的年轻女性多见。接触高强度噪声，特别是 100 dB 以上噪声的女性中，妊娠恶阻及妊娠高血压的发病率明显增高。

7）工作效率。噪声对日常谈话、听广播、打电话、阅读、上课等都会带来影响。当噪声达到 65 dB 以上时，即可干扰通话；噪声达 90 dB，即使当面大声叫喊也不易听清楚。

在噪声干扰下，人们会感到烦躁，会注意力不集中、反应迟钝，不仅影响工作效率，而且降低工作质量。在车间或矿井等工作场所，由于噪声掩盖了异常信号或声音，容易引发各种生产安全事故。

16.2.5 振动

振动是指质点或物体在外力作用下，沿直线或弧线围绕平衡位置（或中心位置）做往复运动或旋转运动，如钟表的摆轮，汽缸活塞的运动，机器开动时各部分的振动等。由生产和工作设备产生的振动称为生产性振动。在生产劳动过程中，振动也是常见的职业性有害因素，在一定条件下长期接触生产性振动对人体健康可产生不良影响。

（1）振动的物理参量

描述振动物理性质的基本参量包括频率、位移、振幅、速度和加速度。

1）频率。频率是指单位时间内物体振动的次数，单位为赫兹（Hz）。每秒钟完成一次振动记为 1 Hz。

2）位移。位移是指振动体离开平衡位置的瞬时距离，单位为毫米（mm）。

3）振幅。振动体离开平衡位置的最大距离。

4）速度。速度是指振动体单位时间内位移变化的量，即位移对时间的变化率，单位为米/秒（m/s）。

5）加速度。加速度是指振动体单位时间内速度变化的量，即速度对时间的变化率，以 m/s^2 或以重力加速度 g（$g=9.8\ m/s^2$）表示。

（2）生产性振动的来源

在工作场所中产生振动的原因主要有：不平衡物体的转动；旋转物体的扭动和弯曲；活塞运动；物体的冲击；物体的摩擦；空气冲击波等。

常见的振动源有：锻造机、冲床、切断机、压缩机、振动铣床、振动筛、送风机、振动传送带、印刷机等产生振动的机械；运输工具如内燃机车、拖拉机、汽车、摩托车、飞机、船舶等；农业机械如收割机、脱粒机、除草机等。

目前，职业接触较多、危害较大的生产性振动多来自以下几种类型的振动性工具：

1）风动工具。如凿岩机、风铲、风锤、风镐、风钻、除锈机、造型机、铆钉机、捣固机、打桩机等。

2）电动工具。如电钻、电锯、振动破碎机等。

3）高速旋转机械。如砂轮机、抛光机、钢丝抛光研磨机、手持研磨机、钻孔机等。

（3）振动的分类与接触机会

根据振动作用于人体的部位和传导方式，可将生产性振动划分为手传振动和全身振动。

1）手传振动是指手部接触振动工具、机械或加工部件，振动通过手臂传导至全身。常见的手传振动作业主要是使用风动工具（如风铲、风镐、风钻、气锤、凿岩机、捣固机或铆钉机）、电动工具（如电钻、电锯、电刨等）和高速旋转工具（如砂轮机、抛光机等）。

2）全身振动是指工作地点或座椅的振动，人体足部或臀部接触振动后，通过下肢或躯干传导至全身。如驾驶拖拉机、收割机、汽车、火车、船舶和飞机等；在作业台如钻井平台、振动筛操作台、采矿船上的作业等。

有些作业如摩托车驾驶等，可同时接触全身振动和手传振动。

（4）振动对人体的影响

1）手传振动的不良影响。长期接触过量的手传振动，会造成手掌多汗、手部感觉障碍、皮肤温度降低，甚至是振动性白指。振幅大、冲击力强的振动，往往引起骨、关节的改变，上肢以手、腕、肘、肩关节的脱钙、局限性骨质增生、骨关节病、骨刺形成为主，也可引起手部肌肉萎缩，出现掌挛缩病。振动还可以引起听力下降，振动与噪声联合作用能够引起永久性听阈改变，加速耳聋的发生。同时，振动还会影响消化系统、内分泌系统、免疫系统的功能。

2) 全身振动的不良影响。强烈的全身振动可引起机体不适，甚至难以忍受，大强度的振动可引起内脏位移甚至造成机械性损伤。在全身振动的作用下，常见的表现是血压升高、脉搏增快、心肌局部缺血，还可出现胃酸分泌减少、胃肠蠕动减慢，使胃肠道和腹内压力增高。因此，车辆驾驶员胃肠不适症状和疾病的发生率增高。全身振动对女性影响主要表现为月经期延长、经血过多和痛经等。

全身振动还可导致作业人员注意力分散、反应灵敏性降低、易疲劳、头痛、头晕等。低频率、大振幅的全身振动，如车、船、飞机等交通工具的振动，可引起晕动病（俗称晕车、晕船、晕机）。这种疾病脱离振动环境，经过适当休息、活动或药物治疗，容易恢复。

（5）手臂振动病

手臂振动病是指长期从事接触手传振动作业而引起的以手部末梢循环和（或）手臂神经功能障碍为主的疾病，可引起手臂骨、关节、肌肉的损伤。在我国，手臂振动病的发病地区和工种分布相当广泛，多见于凿岩工、油锯工、砂轮磨光工、铸件清理工、混凝土捣固工、铆工、水泥制管工等。

手臂振动病早期多表现为手部症状和类神经症，其中手麻、手痛、手胀、手僵等症状较为普遍，夜间症状更明显，往往影响睡眠。类神经症常表现为头痛、头晕、失眠、乏力、记忆力减退等，也可出现自主神经功能紊乱。

手臂振动病的典型表现是振动性白指，其发作具有一过性特点，一般在受冷后，患者手部出现麻、胀、痛等症状，颜色由灰白变苍白，由远端向近端发展，界限分明，可持续数分钟至数十分钟，再逐渐由苍白变潮红，直至恢复至正常颜色。有报道，严重病例可见指关节变形和手部肌肉萎缩等症状。

16.2.6 非电离辐射

（1）红外辐射

红外辐射即红外线，又被称热射线，是指波长为 0.78 μm～1.0 mm 范围的电磁波。

根据国际照明委员会（CIE）的规定，按生物性的作用，红外线可分为 IR-A（0.78~1.4 μm）、IR-B（1.4~3 μm）、IR-C（3~1 000 μm）三个波段。另外一种分类法为近红外线（0.78~3 μm）、中红外线（3~30 μm）和远红外线（30~1 000 μm）三种。

凡是温度高于热力学最低温度（-273 ℃）以上的物体，都有红外辐射。物体温度越高，辐射强度越大，其辐射波长越短（近红外线成分越多）。

1）接触机会。自然界最强的红外辐射源是太阳。在生产环境中的红外辐射源包括熔炉、熔融态金属和玻璃、强红外光源以及烘烤和加热设备等。职业性损伤多发生于使用弧光灯、电焊、氧乙炔焊的操作工。

2）对人体的影响。红外线对人体的影响部位主要是皮肤和眼睛。

①皮肤。红外线照射皮肤时，大部分可被皮肤吸收，只有 1.4%左右被反射。较大强度短时间照射红外线，皮肤局部温度升高、血管扩张，出现红斑反应，停止照射后红斑消失。反复照射，局部皮肤可出现色素沉着。过量照射后，特别是近红外线（短波红外线），除发生皮肤急性灼伤外，还可加热血液及机体深部组织。

②眼睛。长期暴露于低能量红外线下，可致眼睛的慢性损伤，常表现为慢性充血性睑缘炎。短波红外线能被角膜吸收产生热损伤，伤及虹膜，白内障多见于工龄长的劳动者。诱发白内障的红外线波段主要是 0.8~1.2 m 和 1.4~1.6 m。发病早期，患者除自觉视力逐渐减退外，无其他主诉。晶状体后皮质外层可出现边界清晰的浑浊

区，小泡状、点状及线状浑浊，最终导致晶状体全部浑浊，与老年性白内障相似。此症状一般两眼同时发生，但进展缓慢。波长<1 m的红外线和可见光可到达视网膜，主要损伤黄斑区。

（2）紫外辐射

波长为100~400 nm的电磁波称为紫外辐射，又称紫外线。太阳是紫外线的最大天然辐射源，辐射中适量的紫外线对人体健康起积极作用，如产生人体必需的维生素 D_3。过强的紫外线辐射则对人体有害。

根据生物学效应，紫外线又可分成三个区带：①远紫外区（短波紫外线，UV-C），波长为100~290 nm，具有杀菌和微弱致红斑作用，为常用的灭菌波段；②中紫外线区（中波紫外线，UV-B），波长为290~320 nm，具有明显的致红斑和角膜、结膜炎症效应，为红斑区；③近紫外区（长波紫外线，UV-A），波长为320~400 nm，可产生光毒性和光敏性效应，为黑线区。波长短于160 nm的紫外线可被空气完全吸收，而长于此波段的紫外线则可透过真皮、眼角膜甚至晶状体。

1）接触机会。凡物体温度达1 200 ℃以上时，辐射光谱中即可出现紫外线。随着温度升高，紫外线的波长变短，强度增大。高炉、平炉等冶炼炉的炉温为1 200~2 000 ℃时，产生紫外线的波长在320 nm左右；电焊、气焊、电炉炼钢，温度达3 000 ℃时，可产生短于290 nm的紫外线；乙炔气焊及电焊温度达3 200 ℃时，紫外线波长可短于230 nm；探照灯、水银石英灯发射的紫外线波长为220~240 nm。因此，从事上述工种以及紫外线消毒工作的劳动者可能会受到紫外线的过度照射。

2）对人体的影响：

①皮肤。皮肤对紫外线的吸收，随波长而异。紫外线的波长在200 nm以下，几乎能够全被角质层吸收；波长为220~330 nm，可被深部组织吸收。受强烈紫外线辐射可引起皮炎，表现为红斑，有

时伴有水疱和水肿。停止照射后，一般经过 24 h 病症可消退，伴有皮肤的色素沉着。接触 300 nm 波段，可引起皮肤灼伤，其中波长 297 nm 的紫外线对皮肤作用最强，可引起皮肤红斑并残留色素沉着，重点部位为躯干和腿部。长期暴露于紫外线中，可使人体结缔组织的弹性丧失，引起皮肤皱缩和老化，更严重的可诱发皮肤癌。

②眼睛。波长为 250～320 nm 的紫外线，可被角膜和结膜上皮组织大量吸收，引起急性角膜、结膜炎，被称为电光性眼炎，多见于电焊工。在阳光照射的冰雪环境下作业时，会受到大量反射的紫外线照射，引起急性角膜、结膜损伤，俗称雪盲症。因其发作需经过 6～8 h 的潜伏期，故常在夜间或清晨发作。电光性眼炎的临床表现：轻症时仅有双眼异物感或轻度不适；重症则有眼部烧灼感或剧痛，伴有畏光、流泪和视物模糊，检查可见结膜充血、水肿，瞳孔缩小，对光反应迟钝，眼睑皮肤潮红。严重时，可见角膜上皮有点状甚至片状剥脱。及时处理，一般在 1～2 天内可痊愈，不影响视力。症状较重者，可用 0.5% 丁卡因滴眼，有镇静、镇痛作用，新鲜人奶、牛奶滴眼，效果也较明显。

(3) 微波

当高频振荡电流的频率达 300 MHz 以上时，劳动者处于辐射场区内。此区的特征是电磁能量以波的形式向四周辐射，人们受到的是辐射波能的作用，通常把波长 1 mm～1 m 的电磁波称为微波。微波的强度常用功率密度表示，单位为毫瓦/平方厘米（mW/cm²）或微瓦/平方厘米（μW/cm²）。

1) 接触机会。微波广泛应用于导航、测距、探测雷达和卫星通信等领域，在工农业上主要用微波加热干燥粮食、木材及其他轻工业产品，医学上使用微波理疗较普遍。家用微波炉的普及使一般人群的接触机会增多，由于功率很小，只要屏蔽网质量合格，通常不会引起危害。

2) 生物学效应。微波的波长短、频率高、量子能量大，其生物学效应大于高频电磁场。根据频率、波长不同，微波又可分为分米波、厘米波和毫米波。

3）对健康的影响。微波对人体的危害，主要决定于微波发射源的发射功率、辐射源的屏蔽状态，以及安装校验、操作和维修相关设备时是否有正确的防护措施等。

通常情况下，微波对人体健康的影响常表现为类神经症等功能性变化，严重时会引起局部器官的不可逆性损伤，如眼晶状体浑浊，甚至白内障。

①类神经症。主诉与接触高频电磁场的劳动者相同。一般情况下，患者的主诉症状较为明显，持续时间也较长，脱离后恢复较慢。类神经症患者经中西医结合治疗，愈后效果比较好。

②心血管系统。主诉有心悸、心前区疼痛或胸闷感。接触早期血压偏高，长期接触者以低血压多见。

③造血系统。有研究显示，微波接触者白细胞缓慢下降，且伴有血小板减少，未见出血。有人认为这种外周血象的改变，是因为在微波工作场所常常同时存在低能量的 X 线所致。脱离接触一段时间后，外周血象的变化会恢复到正常状态。

④眼睛。长期接触高强度微波的劳动者，晶状体出现点状或小片状浑浊，有时可见视网膜改变。疑似眼晶状体点状浑浊者，应转眼科就诊。明确微波引起的白内障患者，应脱离微波接触。

⑤生殖内分泌系统。女性月经异常表现多样化。部分男性主诉性功能减退，如下腹部睾丸局部接受微波照射后，可发现精子数量明显减少，并表现为暂时性不育。一般在脱离照射 3 个月后，多数人可恢复。

⑥免疫功能。微波对于免疫功能的影响以及致畸和致突变作用，目前多见于一些动物实验和体外试验结果的文献报道，对人体的作用尚无明确定论。

此外，还有关于甲状腺功能亢进和血中性激素含量波动的报道。

（4）激光

激光是原子（分子）受激辐射所发出的光放大，是一种人造的、特殊类型的非电离辐射，具有高亮度、方向性和相干性好等特性，在工业、农业、国防、医疗和科学研究中均得以广泛应用。

激光器是由产生激光的工作物质、光学谐振腔及激励能源三部分组成。激光器按其工作物质的物理状态，分为固体、液体及气体激光器；根据发射的波谱，分为红外线、可见光、紫外线激光器及近年新发展的 X 射线激光器；按照激光输出的方式不同，激光器分为连续波激光器、脉冲波激光器，以及长脉冲、巨脉冲及超短脉冲激光器。

1）接触机会。激光的用途包括工业上的激光打孔、切割、焊接等；军事和航天事业上的激光雷达、激光通信、激光测距、激光制导、激光瞄准等；医学上用于眼科、皮肤科、肿瘤科等多种疾病的治疗；在生命科学、核物理学等领域，也都有广泛应用。

2）对人体的影响。激光与生物组织相互作用主要表现为热效应、光化学效应、机械压力效应和电磁场效应。激光对人体组织的伤害及损伤程度与激光的波长、光源类型、发射方式、入射角度、辐射强度、受照时间及生物组织的特性、光斑大小有关。

①眼睛。一般情况下，可见光与近红外波段激光主要伤害视网膜，紫外与远红外波段激光主要损伤角膜。在远红外与近红外波段、可见光与紫外波段之间，各有一过渡光谱段，可同时造成视网膜和角膜的损伤，并可损伤眼的屈光介质即晶状体。

——角膜。角膜上皮细胞对紫外波段激光最为敏感，早期有疼痛、畏光等症状，临床上表现为急性角膜炎和结膜炎。一旦激光伤及角膜基层，则会形成乳白色浑浊斑，很难恢复。

——晶状体。长波紫外和短波红外波段的激光可大量被晶状体吸收而引起白内障，低水平、长时间的慢性照射，扰乱了晶状体中胶原纤维的超微结构，降低了晶状体的透明度。

——视网膜。当眼睛处于水平的激光束照射时，视网膜的曝光强度比角膜大 200 000 倍。一般把可见光和短波红外辐射称为光辐射的视网膜伤害波段。目前大多数激光器发射的激光，以 500 nm 以下波长的可见光波段危害最大，损伤的典型表现为眼睛水肿、充血、出血，以至视网膜移位、穿孔，最终导致中心盲点和瘢痕形成，视力急剧下降。对于视网膜边缘部的灼伤，一般多无主观感觉，容易被忽视。460 nm 的蓝光可使视网膜的视锥体细胞发生永久性消失，即蓝光损害，主要症状为目眩。

②皮肤。激光对皮肤的损伤，主要由热效应所致。轻度损伤表现为红斑和色素沉着，随着照射量的增加，可出现水疱、皮肤褪色、焦化和溃疡形成。250~320 nm 的紫外激光，可使皮肤产生光敏作用。大功率的激光辐射也可使人体的深部器官受损。

③神经系统。长期接触激光的作业人员大多会出现不同程度的头晕、恶心、耳鸣、心悸、食欲减退、注意力不集中等症状。

受到激光照射后，应迅速脱离辐射，尽量保持安静，充分休息，眼睛应避光保护。对于眼部有出血和渗出的患者，可使用维生素、能量制剂，必要时采用糖皮质激素治疗，也可采用具有活血、化瘀、消肿的中药治疗。

16.3 物理因素预防控制

16.3.1 高温预防措施

按照高温作业职业接触限值的要求，采取综合防暑降温措施是预防与控制高温所致疾病与热损伤的必要途径。

（1）技术措施

1）合理设计工艺流程。合理设计工艺流程，改进生产设备和操作方法是改善高温作业劳动条件的根本措施。例如钢水连铸、轧钢、铸造、搪瓷等生产自动化，可使劳动者远离热源，减轻高温伤害和劳动强度。

热源的布置应符合下列要求：

①尽量布置在车间外面。

②采用热压为主的自然通风时，尽量布置在天窗下面。

③采用穿堂风为主的自然通风时，尽量布置在夏季主导风向的下风侧。

此外，温度高的成品和半成品应及时运出车间或堆放在下风侧。

2）隔热。隔热是防止热辐射的重要措施，可以采用水和各种导热系数小的材料进行隔热。首先要对热源采取隔热措施，热源之间设置隔墙（板），使热空气沿着隔墙上升，经过天窗排出，以免热的气体扩散到整个车间。

3）通风降温。根据实际情况选择通风方式。

（2）卫生保健措施

1）供给饮料和补充营养。高温作业劳动者应补充与出汗量相等的水分和盐分。一般每人每天供水 3~5 L，盐 20 g 左右。8 h 工作日内出汗量超过 4 L 时，除从食物中摄取盐外，尚需通过饮料补充适量盐分。饮料的含盐量以 0.15%~0.20% 为宜，饮水方式以少量多次为宜。

高温作业人员膳食中的总热量应比普通劳动者高，最好能达到 12 600~13 860 kJ。蛋白质增加到总热量的 14%~15% 为宜。此外，还要注意补充维生素和钙等营养物质。

2）对高温作业劳动者应进行就业前和入夏前体检。凡有心血管、呼吸、中枢神经、消化和内分泌等系统的器质性疾病、过敏性皮肤瘢痕患者、重病后恢复期及体弱者，均不宜从事高温作业。

（3）个体防护

高温作业劳动者的工作服，应以耐热、导热系数小而透气性能好的织物为主。为了防止辐射热对健康的损害，可选穿白色帆布或铝箔制的工作服。此外，根据不同高温作业的需求，可供给劳动者工作帽、防护眼镜、面罩、手套、鞋盖、护腿等劳动防护用品。特殊作业人员如炉衬热修、清理钢包等作业人员，需佩戴隔热面罩和穿着隔热、阻燃、通风的防护服，如喷涂金属（铜、银）的隔热面罩、铝膜隔热服等。

（4）组织措施

要加强管理，严格遵守高温作业职业卫生标准和有关规定，做好防暑降温工作。必要时可根据工作场所的气候特点，适当调整夏季高温作业的劳动和作息制度。

16.3.2　低温预防措施

（1）做好防寒保暖工作

应按照《工业企业设计卫生标准》（GBZ 1—2010）和《民用建筑供暖通风与空气调节设计规范》（GB 50736—2012）的规定，提供采暖设备，使作业场所保持合适的温度。

（2）注意个人防护

环境温度低于−1 ℃，尚未出现中心体温过低时，表浅或深部组织即可冻伤，因此手、足和头部的防寒很重要。防护服要具有导热系数低、吸湿和透气性强的特性。在潮湿环境下工作，应提供橡胶工作服、围裙、长靴等劳动防护用品。

（3）增强耐寒体质

人体皮肤在长期和反复寒冷作用下，会使表皮增厚，御寒能力增强。经常冷水浴、冷水擦身或较短时间的寒冷刺激结合体育锻炼，均可提高人体对低温环境的适应能力。

此外，应适当增加富含脂肪、蛋白质和维生素的饮食。

16.3.3　异常气压预防措施

（1）高气压预防措施

1）技术革新。建桥墩时，可采用管柱钻孔法代替沉箱作业，使劳动者可在水面上工作而不必进入高气压环境。

2）遵守安全操作规程。暴露在高气压环境下，须遵照安全减压时间表，逐步返回到正常气压状态，目前多采用阶段减压法。

3）卫生保健措施。工作前要注意防止过度劳累，严禁饮酒，加强营养。对高气压作业人员建议多食用高热量、高蛋白的食物，适当增加维生素的摄入量，如维生素 E 可有效抑制血小板的凝集作用。工作时注意防寒保暖，工作结束后宜饮用热饮料、洗热水澡等。

做好就业前的体检工作，特别是肩、髋、膝关节、肱骨、股骨和胫骨的 X 线检查，合格者才可从事相关工作；就业后每年应做 1 次体检，并持续到停止高气压作业后的第 3 年为止。

4）职业禁忌证。患神经、精神、循环、呼吸、泌尿、运动、内分泌、消化等系统的器质性疾病和明显的功能性疾病者；患眼、耳、鼻、喉及前庭器官的器质性疾病者；年龄超过 50 岁、患各种传染病且未愈者，过敏体质者等不宜从事接触高气压的工作。

（2）低气压预防措施

1）控制登高速度与高度。逐渐、缓慢地步行登山，发生急性高原病的概率相对较低。因此，由平原进入高山地区时，应坚持阶梯式升高的原则，逐步适应，为防止或减少高原病的发生，以每日平均登高<1 000 m 为宜。目前研究认为，5 000 m 高度是人体进行正常生活和工作的安全限度。

2）适应性锻炼。高原适应的速度和程度，可以通过适应性锻炼得到逐步提高。例如先在海拔相对较低的高原地带进行一定的体力锻炼，来增强人体对缺氧的耐受能力。对初入高原者，应适当减少体力劳动，以后视适应的具体情况，再逐渐增加劳动量。

3）保健措施。低气压环境工作的劳动者饮食中应含有足够的热量和合理的营养，如供给多种维生素、高蛋白质、中等脂肪及适当的碳水化合物等。应注意保暖，预防急性呼吸道感染等。

4）健康检查。进入高原地区的人员需要进行体检，凡患有明显的心、肺、肝、肾等疾病，以及高血压 II 期、严重贫血者，均不宜进入高原地区。

16.3.4 噪声预防措施

（1）控制噪声源

根据具体情况采取技术措施，控制或消除噪声源，是从根本上解决噪声危害的一种方法。可采用无声或低噪声设备代替发出强噪声的设备，如用无声液压代替高噪声的锻压，以焊接代替铆接等，均可收到较好的效果。在生产工艺过程允许的情况下，可将噪声源如电机或空气压缩机等移至车间外或更远的地方，否则需采取隔声措施。此外，设法提高机器制造的精度，尽量减少机器零部件的撞击和摩擦，减少机器的振动，也可以明显降低噪声强度。在进行工作场所设计时，合理配置声源，将噪声强度不同的机器分开放置，有利于减少噪声危害。

（2）控制噪声的传播

在噪声传播过程中，应用吸声和消声技术，可以获得较好效果。采用吸声材料装饰在车间的内表面，如墙壁或屋顶，或在工作场所内悬挂吸声体，可吸收辐射和反射的声能，使噪声强度减低。具有较好吸声效果的材料有玻璃棉、矿渣棉、棉絮或其他纤维材料。在某些特殊情况下，为了获得较好的吸声效果，需要使用吸声尖劈。消声是降低动力性噪声的主要措施，用于风道和排气管，常用的有阻性消声器、抗性消声器，消声效果较好。

还可以利用一定的材料和装置，将声源或需要安静的场所封闭在一个较小的空间中，使其与周围环境隔绝，即隔声室、隔声罩等。在建筑施工中将机器或振动体的基底部与地板、墙壁连接处设隔振或减振装置，也可以起到降低噪声的效果。

（3）制定职业接触限值

尽管噪声对人体产生不良影响，但在生产中要想将其完全消除，既不经济也不可能。因此，制定合理的职业卫生标准，将噪声强度限制在一定范围内，是防止噪声危害的主要措施之一。

《工作场所有害因素职业接触限值第2部分：物理因素》（GBZ 2.2—2007）规定，噪声职业接触限值为每周工作5天，每天工作8 h，稳态噪声限值为85 dB，非稳态噪声等效声级的限值为85 dB；每周工作日不足5天，需计算40 h等效声级，限值为85 dB。

（4）个体防护

当在高噪声环境下工作，且工作场所的噪声强度暂时不能得到有效控制时，佩戴劳动防护用品是保护听觉系统的一项有效的防护措施。最常用的个体防护用品是耳塞，一般由橡胶或软塑料等材料制成，隔声效果在20 dB左右。此外，还有耳罩、帽盔等，在某些特殊环境下工作，可将耳塞和耳罩合用，以充分保护劳动者免受噪声危害。

（5）健康监护

应定期对接触噪声的劳动者进行健康检查，特别是听力检查，观察听力变化情况，以便早期发现听力损伤，及时采取有效的防护措施。从事噪声作业劳动者应进行就业前检查，取得听力的基础资料，凡有听觉系统疾患、中枢神经系统和心血管系统器质性疾患或自主神经功能失调者，不宜从事噪声作业。

噪声作业劳动者应定期进行健康体检，发现有高频听力下降者，应及时采取适当的防护措施。对于听力明显下降者，应尽早调离噪声作业环境并进行定期检查。

（6）合理安排劳动和休息

对从事接触噪声作业的劳动者可适当安排工间休息，休息时应脱离噪声环境，使听觉疲劳得以恢复。应经常检测工作场所的噪声强度，监督检查预防措施的执行情况及效果。

16.3.5 振动预防措施

（1）控制振动源

改革生产工艺过程，采取技术革新，通过减振、隔振等措施，减轻或消除振动源的振动，是预防振动职业危害的根本措施。例如，采用减压、焊接、黏接等新工艺代替风动工具铆接工艺；采用水力清砂、水爆清砂、化学清砂等工艺代替风铲清砂；设计自动或半自动操纵装置，减少手部和肢体直接接触振动的机会；工具的金属部件改用塑料或橡胶，可减少因撞击而产生的振动；采用减振材料降低交通工具、作业平台等大型设备的振动。

（2）限制作业时间和振动强度

振动职业卫生标准是进行卫生监督的依据。通过研制和实施振动作业的职业卫生标准，限制接触振动的强度和时间，可有效地保护劳动者的健康，是预防振动危害的重要措施。

（3）改善作业环境

加强作业过程或作业环境中的防寒、保暖措施，特别是在北方寒冷季节的室外作业，需要穿戴防寒和保暖衣物。振动工具的手柄温度如能保持在 40 ℃，会对预防振动性白指的发生具有较好的效果。控制作业环境中的噪声、毒物和气湿等因素，对预防振动危害有一定作用。

（4）个人防护

合理配置和使用劳动防护用品，如防振手套、减振座椅等，可以减轻振动的危害。

（5）加强健康监护和日常卫生保健

依法对振动作业劳动者进行就业前和定期健康检查，实施三级预防，早期发现、及时处理患病个体；加强健康管理和宣传教育，提高劳动者健康意识；定期监测振动工具的振动强度，结合职业卫生标准，合理安排作业时间。长期从事振动作业的劳动者，尤其是手臂振动病患者应加强日常卫生保健，日常生活应有规律，坚持适度的体育锻炼。

16.3.6 非电离辐射预防措施

（1）红外辐射预防措施

反射性铝制遮盖物和铝箔衣服可减少红外线的暴露量及降低熔炼工、热金属操作工的热负荷，严禁裸眼观看强光源，操作时应佩戴能有效过滤红外线的防护眼镜。

（2）紫外辐射预防措施

紫外辐射防护措施以屏蔽和增加作业点与辐射源的距离为原则。

电焊工及其辅助工种必须佩戴专业的防护面罩、防护眼镜、防护服和手套。电焊工操作时应使用移动屏障围住操作区，以免其他工种劳动者受到紫外线照射；非电焊工禁止进入操作区，严禁裸眼观看电焊。电焊时产生的有害气体和烟尘，应采用局部排风加以排除。接触低强度紫外辐射源，如低压水银灯、太阳灯、黑光灯等，可佩戴专业护目镜来保护眼睛。

（3）微波预防措施

微波防护的基本原则是屏蔽辐射源、加大作业点与辐射源的距离、合理地进行个人防护，具体措施如下：

1）在调试高功率微波设备（如雷达）的参数时，可使用等效天线，以减少对劳动者不必要的辐射。

2）采用微波吸收或反射材料屏蔽辐射源。

3）使用防护眼镜和防护服等劳动防护用品。

（4）激光预防措施

对激光的防护措施包括激光器防护、工作环境和个体防护三个方面，具体内容如下：

1）安全教育和安全措施。所有从事激光作业的人员，必须先接受激光危害及安全防护的教育。工作场所应制定安全操作规程、明确操作区和危险带。工作场所要有醒目的警告牌，提醒无关人员禁止入内。严禁裸眼观看激光束。劳动者就业前、在岗期间应做好健康检查。

2）激光器防护。凡激光束可能泄漏的部位，应设置防激光封闭罩。必须安装激光开启与光束停止的连锁装置。

3）工作环境。工作室围护结构应用吸光材料制成，色调宜暗。工作区采光宜充足，室内不得有反射、折射光束的用具和物件。

4）劳动防护用品。防护服的颜色宜略深以减少反光。防护眼镜在使用前必须经专业人员鉴定，并定期测试。

5）卫生标准。《工作场所有害因素职业接触限值 第2部分：物理因素》（GBZ 2.2—2007）中规定了工作场所激光辐射眼直视和皮肤照射的职业接触限值。

第 *17* 讲

事故现场应急处置与急救

🎯 17.1 事故现场应急处置

17.1.1 事故现场处置原则

（1）快速反应原则

任何灾难性事故都具有突发性、连带性和不确定性等特点，这些特点决定了在事故现场处置过程中任何时间上的延误都有可能加大应急处置工作的难度，以至于使灾难造成的损失扩大，引发更为严重的后果。因此，在应急处置过程中必须坚持做到快速反应，力争在最短的时间内到达现场、控制事态、减少损失，以最高的效率和最快的速度救助受害人，并为尽快恢复正常的工作秩序、社会秩序、生活秩序创造条件。

在所有的灾难性事故发生之后，现场处置快速反应并没有一个现成的模式，一方面需要遵循事故处置的一般原则，另一方面也需要根据事故的性质与所影响的范围灵活掌握、灵活处理。有的事故在爆发的瞬间就已结束，没有继续蔓延的条件，但大多数事故在救援和处置过程中可能还会继续蔓延扩大。因此，如果事故现场处置不及时，很可能带来灾难性后果，甚至引发其他灾害事故。事故现场控制的作用，体现在防止事故继续蔓延扩大方面。因此，必须在事发的第一时间内做出反应，以最快的速度和最高的效率进行现场控制。快速反应原则是事故现场应急处置中的首要原则。

（2）救助原则

大量的灾难性事故的案例研究表明，造成事故严重后果的原因就是反应不及时，受害者不能得到及时救助。事故现场应急处置的首要目标是人员的安全，救助原则与快速反应原则的本质要求都是减少人员的伤亡。

每当灾难性事故发生时，就会产生数量和范围不确定的受害者。受害者的范围不仅包括灾难中的直接受害者，甚至还包括直接受害者的亲属、朋友以及周围其他利益相关的人员。受害者所需要的救助往往是多方面的，这不仅体现在生理上，还体现在心理和精神上。因此，负责灾难性事故应急处置的相关部门和人员在进行现场控制的同时应立即展开对受害者的救助，及时抢救并护送危重伤员、救援受困群众、妥善安置死亡人员、安抚在精神与心理上受到严重冲击的受害者。

（3）人员疏散原则

在大多数灾难性事故现场应急处置的控制与安排中，把处于危险境地的受害者尽快疏散到安全地带，避免出现更大的伤亡，是一项极其重要的工作。在很多伤亡惨重的灾难性事故中，没有及时进行人员安全疏散是造成群死群伤的主要原因。

无论是自然灾害还是人为的事故，或者其他类型的灾难性事故，在决定是否疏散人员的过程中，需要考虑的因素一般有以下几点：

1）是否可能会对群众的生命和健康造成危害，特别是要考虑到是否存在潜在的危险性。

2）灾难性事件的危害范围是否会扩大或者蔓延。

3）是否会对环境造成破坏性的影响。

（4）保护现场原则

按照一般的程序，灾难性事故的应急处置工作结束之后，或在应急处置过程中的适当时机，调查工作就需要介入，以分析灾难性事故的原因与性质，发现、收集有关的证据，调查灾难性事故的责任者。在应急处置过程中，特别是对现场的控制做出安排时，一定要考虑到对现场进行有效的保护，以便日后开展调查工作。在实践中容易出现的问题是应急处置人员的注意力都集中在救助伤亡人员或防止灾难后果的蔓延扩大上，而忽略了对现场与证据的保护，结果在事后发现需要收集证据时，现场已遭到破坏，给调查工作带来不便。因此，必须在进行现场控制的整个过程中，把保护现场作为工作原则贯穿始终。虽然对灾难性事故的应急处置与调查处理是不同的环节与过程，但在实际工作中没有绝对明确的界限，不能把两者截然分开。

（5）保障应急参与人员安全的原则

要保障应急参与人员的安全，现场的应急指挥人员在指导思想上也应当充分地权衡各种利弊，使现场应急处置的决策更科学化、最优化，避免付出不必要的牺牲和代价。

17.1.2　事故应急处置工作内容

根据《生产经营单位生产安全事故应急预案编制导则》（GB/T 29639—2013）的规定，应急处置主要包括以下内容：

（1）事故应急处置程序

根据可能发生的事故类型及现场情况，明确事故报警、各项应急措施启动、应急救护人员的引导、事故扩大及同生产经营单位应急预案的衔接程序。

（2）现场应急处置措施

针对可能发生的火灾、爆炸、危险化学品泄漏、坍塌、水患、机动车辆伤害等，从人员救护、工艺操作、事故控制、消防、现场恢复等方面制定明确的应急处置措施。

（3）报告和求援

明确报警负责人、报警电话及上级管理部门、相关应急救援单位联络方式和联系人员，是事故报告的基本要求和内容。

17.1.3 事故现场控制的基本方法

在应急事件的现场处置过程中，对现场的控制是必不可少的，要做出一系列的应急安排，以防止灾难性事故的影响范围进一步蔓延扩大，把人员伤亡与经济损失减少到最低。由于事故发生的时间、地点、环境不同，事故类型、影响范围、损坏程度也不相同，因而其所需要的控制手段包括应急资源也不相同。这些差别决定了在不同的事故现场应该采取不同的控制方法。事故现场控制的一般方法可分为以下几种：

（1）警戒线控制法

警戒线控制法是由参加现场处置工作的人员对需要保护的重大或者特别重大事件现场，防止非应急处置人员与其他无关人员随意进出，干扰应急行动的特别保护方法。在重特大灾难现场或其他相关场所，根据不同情况或需要，应安排公安机关的人民警察或保卫人员等应急参与人员实施警戒保护。对应急现场应从其核心现场开始，向外设置多层警戒线。

现场设置警戒线，一方面是为了保证现场处置工作的人员顺利进出，并使其在心理上有一种安全感，同时避免外来的未知因素对现场安全构成威胁，以避免现场可能存在的各种危险源危及周围无关人员的安全。应急警戒范围，应坚持宜大不宜小，保留必要的警戒冗余度以阻止现场大规模无序流动。在实践中，普遍的做法是设置两层以上的警戒线，由内向外，由高密度向低密度布置警戒人员。

（2）区域控制法

在有些灾难性事故与应急事件的应急处置过程中，可能点多面广，需要处置的问题较多，处置工作必然存在优先安排的顺序问题；也可能由于环境等因素的影响，对某些局部区域采取不同的控制措施，控制进入现场的人员数量。区域控制在不破坏现场的前提下，在现场外围对整个应急现场环境进行总体观察，确定重点区域、重点地带、危险区域、危险地带。一般遵循的原则是，先重点区域，后一般区域；先危险区域，后安全区域；先外围区域，后中心区域。具体实施区域控制时，一般应当在现场专业处置人员的指导下进行，由事发单位或事发地的公安机关指派专门人员具体实施；对于重特大灾难应急现场，还应当由穿着制服的人民警察或武装警察实施区域控制。

（3）遮盖控制法

遮盖控制法实际上是保护现场与现场证据的一种方法。在应急处置现场，有些物证的时效性要求往往比较高，天气因素的变化可能会影响取证的真实性。有时由于现场比较复杂，破坏比较严重，再加上应急处置人员不足，不能立即对现场进行勘查、处置。因此，需要用其他物品对重要现场、重要证据、重要区域进行遮盖，以利于后续工作的开展。遮盖物一般多采用干净的塑料布、帆布、草席等，起到防风、防雨、防日晒以及防止无关人员随意触动的作用。应当注意的是，除非万不得已，一般尽量不要使用遮盖控制法，防止遮盖物污染某些微量物证，影响取证以及后续的理化分析结果。

（4）以物围圈控制法

为了维持现场处置的正常秩序，防止现场重要物证被破坏以及危害扩大，可以用其他物品对现场中心地带周围进行围圈。一般来讲，可以使用一些不污染环境的、阻燃阻爆的物体。如果现场比较复杂，还可以采用分区域、分地段的方式进行围圈。

（5）定位控制法

有些事故应急现场由于死伤人员较多、物体变动较大、物证分布范围较广，采取上述几种现场控制方法，可能会给事发地的正常生活和工作秩序带来一些负面影响，这就需要对现场特定死伤人员、特定物体、特定物证、特定方位、特定建筑等采取定点标注的控制方法，使现场处置有关人员对整体事故现场能够一目了然，做到定量与定性相结合，有利于下一步工作的开展。定位控制一般可以根据现场大小、破坏程度等情况。首先，按区域、方位对现场进行区域划分，可以有形划分，也可以无形划分，如长条形、矩形、圆形、螺旋形等形式；然后，每一划分区域指派现场处置人员，用色彩鲜艳的小旗对死伤人员、重要物体、重要物证、重要痕迹定点标注；最后，根据现场应急处置需要，在此基础上开展下一步的工作。

17.1.4　事故现场处置过程

在事故现场处置工作中，尽管由于发生事故的单位、地点、化学介质不同，处置程序会存在差异，但一般都是由设点、询问和侦检、隔离与疏散、防护、现场急救等步骤组成。

（1）设点

设点指各救援队伍进入事故现场，选择有利地形（地点）设置现场救援指挥部、救援和医疗急救点。

各救援点的位置选择关系能否有序地开展救援和保护自身的安全。现场救援指挥部、救援和医疗急救点的设置应考虑以下几项因素：

1）地点：应选在上风向的非污染区域，需注意不要远离事故现场，以便于指挥和救援工作的实施。

2）位置：各救援队伍应尽可能在靠近现场救援指挥部的地方设点并随时保持与指挥部的联系。

3）路段：应选择交通路口，利于救援人员或转送伤员的车辆通行。

4）条件：现场救援指挥部、救援和医疗急救点，可设在室内或室外，应便于人员行动或伤员的抢救，同时要尽可能利用原有通信、水和电等资源，有利于救援工作的实施。

5）标志：现场救援指挥部、救援和医疗急救点，均应设置醒目的标志，方便救援人员和伤员识别。悬挂的旗帜应用轻质面料制作，以便救援人员随时掌握现场风向。

（2）询问和侦检

采取现场询问和现场侦检的方法，充分了解和掌握事故的具体情况、危险范围、潜在险情（爆炸、中毒等）。

侦检是危险物质事故应急处置的首要环节。侦检是指利用检测仪器检测事故现场危险物质的浓度、强度以及扩散、影响范围，并做好动态监测。根据事故情况不同，可以派出若干侦检小组，对事故现场进行侦检，每个侦检小组至少应有两人。

（3）隔离与疏散

1）建立警戒区域。事故发生后，应根据化学品泄漏扩散的情况或火焰热辐射所涉及的范围建立警戒区，并在通往事故现场的主要干道上实行交通管制。建立警戒区时应注意的事项如下：

①警戒区的边界应设警示标志，并有专人警戒。

②除消防、应急处置人员以及必须坚守岗位的工作人员外，其他人员禁止进入警戒区。

③泄漏溢出的化学品为易燃物品时，区域内应禁火种。

2）紧急疏散。迅速将警戒区及污染区内与事故应急处理无关的人员撤离，以减少不必要的人员伤亡。紧急疏散时应注意的事项如下：

①如事故物质有毒时，需要佩戴劳动防护用品或采取简易有效的防护措施，并有相应的监护措施。

②应向上风方向转移，明确专人引导和护送疏散人员到达安全区，并在疏散或撤离的路线上设立哨位，指明方向。

③不要在低洼处滞留。

④要查清是否有人留在污染区或着火区。

（4）防护

根据事故物质的毒性及划定的危险区域，确定相应的防护等级，并根据防护等级按标准配备相应的防护器具。

（5）现场急救

在事故现场，危险物质对人体可能造成的伤害有中毒、窒息、冷冻伤、化学灼伤、烧伤等，进行急救（救护）时，不论患者还是救援（救护）人员都需要进行适当的防护。

17.2 事故现场急救

17.2.1 事故现场急救原则、基本步骤和注意事项

（1）现场急救时应遵循的原则

事故现场急救的总任务是采取及时有效的急救措施和技术，最大限度地减少伤员的疾苦，降低致残率，减少死亡率，为医院抢救打好基础。因此，现场急救时应遵循以下原则：

1）先复苏后固定原则。遇有心搏、呼吸骤停又有骨折的伤员，应首先用口对口人工呼吸和胸外按压等技术使心、肺、脑复苏，直至心搏、呼吸恢复后，再进行骨折固定处理。

2）先止血后包扎原则。遇伤员有大出血又有伤口时，首先应立即用指压、止血带或药物等方法止血，接着再消毒，并对伤口进行包扎。

3）先重后轻原则。在同时遇有生命垂危的和较轻的伤员时，应优先抢救危重者，后抢救较轻的伤员。

4）先救护后搬运原则。在发现伤员时，应先救后送。在运送伤员去医院的途中，不要停止抢救措施，继续观察伤病变化，减少颠簸、注意保暖，确保快速平安抵达最近的医院。

5）急救与呼救并重原则。在遇有成批伤员、现场还有其他参与急救的人员时，要紧张而镇定地分工合作，急救和呼救可同时进行，以便较快地争取到急救外援。

6）搬运与急救一致性原则。在运送危重伤员时，应与急救工作

协调一致，争取时间，在途中应继续进行抢救工作，尽力减少伤员的痛苦和死亡，安全到达目的地。

（2）现场急救的基本步骤

总体来说，事故现场急救应按照紧急呼救、判断伤情和救护三大步骤进行。

1）紧急呼救。当事故发生，发现了危重伤员，经过现场评估和病情判断后需要立即救护，同时立即向专业紧急医疗服务机构或附近担负院外急救任务的医疗部门、社区卫生单位报告，常用的急救电话为120或999。由急救机构立即派出专业救护人员、救护车至现场抢救。

2）判断伤情。在现场巡视后对伤员进行最初评估。发现伤员，尤其是处在情况复杂现场的伤员，救护人员需要首先确认并立即处理威胁伤员生命的情况，检查伤员的意识、气道、呼吸、循环体征等。

3）救护。灾害事故现场一般都很混乱，组织指挥特别重要。应快速组成临时现场救护小组，统一指挥，加强灾害事故现场一线救护，这是保证抢救成功的关键措施。

灾害事故发生后，避免慌乱，应尽可能缩短伤后至抢救的时间，强调提高基本治疗技术是做好灾害事故现场救护最重要的问题。要善于应用现有的先进科技手段，体现"立体救护、快速反应"的救护原则，提高救护的成功率。

现场救护原则是先救命后治伤，先重伤后轻伤，先抢后救、抢中有救，先分类再运送，使伤员尽快脱离事故现场。医护人员以救为主，其他人员以抢为主，各负其责、相互配合，以免延误抢救时机。现场救护人员应注意自身防护。

（3）现场急救应注意的事项

现场急救应关键把好"急"与"救"这两个字。"急"就是在救援行动上要充分体现快速反应、快速抢救，此时此刻真正体现出

"时间就是生命"。必须有可行的措施来保证能以最快速度、最短时间让伤员得到医学救护。"救"是指对伤员的救援措施和手段要正确有效、处置有方，表现出精良的技术水准和良好的精神风范，以及随机应变的工作能力。实践证明，应急救援成功的关键往往在于现场急救，而现场急救是否成功很大程度上又取决于现场急救的组织与实施。

现场急救时应注意的事项主要有以下几点：

1）避免直接接触伤员的体液。

2）使用防护手套，并用防水胶布贴住自己损伤的皮肤。

3）急救前和急救后都要洗手，并且救护伤员的眼、口、鼻或者任何皮肤损伤处，一旦被溅上伤员的血液，应尽快用肥皂和水清洗，并去医院进行处理。

4）进行口对口人工呼吸时，尽量使用人工呼吸面罩。

17.2.2　事故现场急救区的划分和紧急呼救

（1）现场急救区的划分

通常，现场伤员急救的标记（分类卡）有四类：

1）第Ⅰ急救区（红色）：病伤严重，危及生命者。

2）第Ⅱ急救区（黄色）：病伤严重，未危及生命者。

3）第Ⅲ急救区（绿色）：受伤较轻，可行走者。

4）第Ⅳ急救区（黑色）：死亡者。

分类卡由急救系统统一印制，背面有扼要的病情说明，随伤员携带。此卡常被挂在伤员左胸的衣服上。如没有现成的分类卡，可临时用硬纸片自制。

现场有大批伤员时，最简单、有效的急救应有以下四个区，以便相关工作有条不紊地进行。

1）收容区：伤员集中区，在此区挂上分类标签，并进行必要的紧急复苏等抢救工作。

2）急救区：用以接收第Ⅰ优先者和第Ⅱ优先者，在此做进一步抢救工作，如对休克、呼吸与心搏骤停者等进行心肺复苏。

3）后送区：这个区接收能自己行走或伤势较轻的伤员。

4）太平区：停放已死亡者。

（2）现场急救区的紧急呼救

紧急呼救主要有以下三个步骤：

1）救护启动。救护启动由急救通信（称为呼救系统）开始。畅通的呼救系统，在国际上被列为抢救危重伤员"生命链"中的"第一环"。有效的呼救系统，对保障危重伤员获得及时救治至关重要。

应用无线电和电话进行呼救。通常在急救中心配备有经过专门训练的话务员，能够对呼救迅速做出适当的应答，并能把电话接到合适的急救机构。城市呼救网络系统的通信指挥中心，应当接收所有的医疗（包括灾难等意外伤害事故）急救电话，根据伤员所处的位置和病情，指定就近的急救站去救护伤员。这样可以大大节省时间，提高效率，便于伤员救护和转运。

2）呼救电话须知。紧急事故发生时，须报警呼救，最常使用的是呼救电话。使用呼救电话时必须要用最精练、准确、清楚的语言说明伤员目前的情况及严重程度，伤员的人数及存在的危险，需要何类急救等。如果不清楚身处位置的话，不要惊慌，因为紧急医疗服务系统控制室可以通过全球卫星定位系统追踪其正确位置。

一般应简要清楚地说明以下几点：

①报告人的电话号码与姓名，伤员姓名、性别、年龄和联系电话。

②伤员所在的确切地点，尽可能指出附近街道的交汇处或其他显著标志。

③伤员目前最危重的情况，如昏倒、呼吸困难、大出血等。

④若遇灾害事故、突发事件时，说明伤害性质、严重程度、伤员的人数。

⑤现场所采取的救护措施。注意，不要先放下话筒，要等紧急医疗服务系统调度人员先挂断电话。

3）单人及多人呼救。在专业急救人员尚未到达时，如果有多人在现场，一名救护人员留在伤员身边开展救护，其他救护人员通知紧急医疗服务机构。如果是意外伤害事故，要分配好救护人员各自的工作，分秒必争，组织有序地实施伤员的寻找、脱险、医疗救护工作。

在伤员心搏骤停的情况下，为挽救生命，抓住"救命的黄金时刻"，应立即进行心肺复苏，然后迅速拨打急救电话。如有手机在身，则应在进行 1~2 min 心肺复苏后的抢救间隙拨打急救电话。

任何年龄的外伤或呼吸暂停伤员，打电话呼救前接受 1 min 的心肺复苏是非常必要的。

17.2.3 事故现场伤员评估和分类

（1）现场伤员评估

伤员的意识、气道、呼吸、循环体征、瞳孔反应等表象，是判断伤势轻重的重要标志。

1）意识。先判断伤员神志是否清醒。在呼唤、轻拍、推动时，伤员会睁眼或有肢体运动等其他反应，表明伤员有意识。如伤员对上述刺激无反应，则表明伤员意识丧失，已陷入危重状态。伤员突然倒地，然后呼之不应，情况多为严重。

2）气道。呼吸必要的条件是保持气道畅通。如伤员有反应但不能说话、不能咳嗽、憋气，可能存在气道梗阻，必须立即检查和清除，如进行侧卧位和清除口腔异物等。

3）呼吸。正常成人每分钟呼吸 12~18 次，危重伤员呼吸变快、变浅乃至不规则，呈叹息状。在气道畅通后，对无反应的伤员进行呼吸检查，如伤员呼吸停止，应保持气道通畅，立即进行人工呼吸。

4）循环体征。在检查伤员意识、气道、呼吸之后，应对伤员的

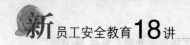

循环体征进行检查。

可以通过检查循环体征（如呼吸、咳嗽、运动、皮肤颜色、脉搏情况）来进行判断：

成人正常心搏每分钟 60~80 次。呼吸停止，心搏随之停止；或者心搏停止，呼吸也随之停止。心搏、呼吸几乎同时停止也是常见的。心搏反应在手腕处的桡动脉、颈部的颈动脉较易触到。

心律失常以及严重的创伤、大失血等危及生命时，心搏或加快超过每分钟 100 次，或减慢至每分钟 40~50 次，或不规则，忽快忽慢，忽强忽弱，均为心脏呼救的信号，都应引起重视。

如伤员面色苍白或青紫，口唇、指甲发绀，皮肤发冷等，可以知道皮肤循环和氧代谢情况不佳。

5）瞳孔反应。眼睛的瞳孔又称"瞳仁"，位于黑眼球中央。正常时人的双眼瞳孔是等大圆形的，遇到强光能迅速缩小，很快又能回到原状。用手电筒突然照射一下瞳孔即可观察到瞳孔的反应。当伤员脑部受伤、脑出血、严重药物中毒时，瞳孔可能缩小为针尖大小，也可能扩大到黑眼球边缘，对光线反应迟钝或不起反应。有时因为出现脑水肿或脑疝，使双眼瞳孔一大一小。瞳孔的变化表示脑病变的严重程度。

（2）现场伤员分类

当灾害性事故发生后，伤员数量大、伤情复杂、重危伤员多。急救和后运工作常出现四大矛盾：急救技术力量不足与伤员需要抢救的矛盾；急救物资短缺与物资需要量的矛盾；重伤员与轻伤员都需要急救的矛盾；轻、重伤员都需要后运的矛盾。解决这些矛盾的办法就是对伤员进行分类。伤员分类是生产现场急救工作的重要组成部分，做好伤员分类工作，可以保证充分地发挥人力、物力的作用，使需要急救的轻、重伤员均得到适当处理，使急救和后运工作有条不紊地进行。

生产现场急救分类工作的重要意义集中在一个目标，即提高效率，将现场有限的人力、物力和时间，用在抢救有存活希望的伤员身上，提高伤员的存活率，降低死亡率。

1）现场伤员分类的要求：

①分类工作是在特殊困难和紧急情况下一边抢救一边分类的。

②分类应派经过训练、经验丰富、有组织能力的技术人员承担。

③分类应按照先危后重、先轻后小（伤口小）的原则进行。

④分类应快速、准确、无误。

2）现场伤员分类的判断。现场伤员分类是以决定优先急救对象为前提的，首先根据伤情来判定。

①呼吸是否停止，用看、听、感来判定。

看：通过观察胸廓的起伏，或用棉花、羽毛贴在伤员的鼻下方，看有无摆动。如吸气胸廓上提，呼气胸廓下降或棉花、羽毛有摆动即呼吸未停。反之，即呼吸已停。

听：侧头用耳尽量接近伤员的鼻部，去听是否有气体交换。

感：在听的同时，用脸感觉有无气流呼出。如听到有气体交换或气流感说明伤员尚有呼吸。

②脉搏是否停止，用触、看、摸、量来检查。

触：触桡动脉有无脉搏跳动，感受其强弱。

看：头部、胸腹、脊椎骨、四肢，有无损伤、大出血、骨折等，这些都是重点判定项目。

摸：摸颈动脉有无脉搏跳动，感受其强弱。

量：量收缩压是否小于 12 kPa（90 mm 汞柱）。

判定一个伤员要在 1~2 min 完成。通过以上方法对伤员进行简单的分类，便于采取针对性急救措施。

（3）停止心肺复苏的时机

当心脏停止搏动时，人体的血液循环也就终止了，所以需要我们在胸部进行心脏按压以推动血液循环，又称为人工循环。人体心脏位于胸骨与胸椎之间，向下按压胸骨时，胸腔内压力会增大，进而就会促使血液流动，同时压挤心脏，向外泵血；在放松压力后，静脉血回流心脏，就可使心脏充盈血液。如此反复进行下去，就可使心脏有节奏地、被动地收缩和舒张，以此来维持血液循环。有效的胸外心脏按压可达到正常心搏时心脏排出血量的 25%～30%，可以保障人体最低的基本血液循环需要。

停止心肺复苏的时机，一是急救医生接到 120 电话后赶到现场，二是伤员已经恢复了心搏和呼吸。对于在施工现场发生的意外，如电击事故、高处坠落事故、机械事故等导致人心搏、呼吸停止的情况，至少抢救 30 min 以上，最大限度地提高抢救的成功率。

此外，在心肺复苏过程中，出现如下征象者可考虑终止心肺复苏工作：

1) 脑死亡。全脑功能丧失，不能恢复，又称不可逆昏迷。发生脑死亡即意味着生命终止，即使有心搏，也不会长久维持。即使能维持一段时间也毫无意义。所以一旦出现脑死亡即可终止抢救，以免消耗不必要的人力、物力和财力。出现下列情况可判断脑死亡：

①深度昏迷，对疼痛刺激无任何反应，无自主活动。

②自主呼吸停止。

③瞳孔固定。

④脑干反射消失，包括瞳孔对光反射、吞咽反射、头眼反射(即"娃娃眼"现象，将伤员头部向双侧转动，眼球相对保持原来位置不动；若眼球随头部同步转动，即反射阳性。但颈脊髓损伤者禁忌此项检查)、眼前庭反射（头前屈30°，用 20～50 mL 冰水，在10 s 内注入外耳道，伤员应出现快速向灌注侧反方向的眼球震颤，若双耳依次检查未见眼球震颤则为反射消失）等。

⑤具备上述条件至少观察 24 h 方可作出判定。

2) 经过正规的心肺复苏 20～30 min 后，仍无自主呼吸，瞳孔散大，对光反射消失，则标志着生物学死亡，可终止抢救。

3）心搏停止 12 min 以上而没有接受任何心肺复苏治疗者，几乎无一存活，但在低温环境中（如冰库、水库、雪地、冷水淹溺）及年轻的创伤病人虽停搏超过 12 min 仍应积极抢救。

4）心搏、呼吸停止 30 min 以上，肛温接近室温，出现尸斑时，可停止抢救。

第 *18* 讲

事故现场急救基本技术

🎯 18.1 心肺复苏技术

据有关研究数据显示，5 min 内开始实施心肺复苏急救，8 min 内进一步生命支持，心搏、呼吸暂停伤员存活率最高可达 43%；复苏（加上生命支持）每延迟 1 min，存活率下降 3%；除颤每延迟 1 min，存活率下降 4%。心肺复苏技术简称 CPR（cardiopulmonary resuscitation），是指当伤病人员呼吸与心搏已经停止时，合并使用人工呼吸及胸外心脏按压来进行急救的一种技术方法。

18.1.1 实施要领

实施心肺复苏时，首先要判断伤员呼吸、心搏状况，只有明确判定呼吸、心搏已经停止，才能立即进行心肺复苏。

（1）开放气道

用最短的时间，先将伤员衣领口、领带、围巾等解开，戴上手套（最好是医用手套）迅速清除伤员口鼻内的污泥、土块、痰、呕吐物等异物，以利于呼吸道畅通，再将气道打开。

（2）口对口人工呼吸

口对口人工呼吸的主要步骤为：

1）急救者一只手的拇指、食指捏闭伤员的鼻孔，另一只手托其下颌。

2）将伤员口打开，急救者深呼吸，用唇紧贴并包住伤员口部吹气。

3）看伤员胸部鼓起方为有效。

4）脱离伤员口部，放松捏鼻孔的拇指、食指，使胸廓恢复。

5）感到伤员口鼻部有气呼出。

6）连续吹气2次，使伤员肺部充分换气。

（3）心脏复苏

首先判定心搏是否停止，可以摸伤员的颈动脉有无搏动，如无搏动，立即进行胸外心脏按压。实施胸外心脏按压的主要步骤如下：

1）用一只手的掌根按在伤员胸骨中下 1/3 段交界处。

2）另一只手压在前手的手背上，手指扣住下方手的手掌并使手指脱离胸腔壁，不能平压在胸腔壁。

3）双肘关节伸直，利用体重和肩臂力量垂直向下挤压，使胸骨下陷 4 cm 左右。

4）略停顿后在原位放松，但手掌根不能离开胸骨定位点。

5）连续进行 15 次胸外心脏按压，再进行口对口人工呼吸 2 次，如此反复。

18.1.2 注意事项

（1）进行口对口人工呼吸注意事项

1）口对口人工呼吸一定要在气道开放的情况下进行。

2）向伤员肺内吹气不能太急太多，仅需胸廓隆起即可，吹气量不能过大，以免引起胃扩张。

3）吹气时间以占一次呼吸周期的 1/3 为宜。

（2）胸外心脏按压注意事项

1）防止并发症。胸外心脏按压并发症有急性胃扩张、肋骨或胸骨骨折、肋骨软骨分离、气胸、血胸、肺损伤、肝破裂、冠状动脉刺破（心脏内注射时）、心包压塞、胃反流物误吸或吸入性肺炎等，故要求判断准确、处理及时、操作正规。

2）胸外心脏按压与放松时间比例和按压频率。实验研究证明，当胸外心脏按压及放松时间各占 1/2 时，心脏射血最多，获得最大血流动力学效应；按压频率为 80~100 次/min 时，可使血压短期上升到 8~9 kPa（60~70 毫米汞柱），有利于心脏复搏。

3）胸外心脏按压用力要均匀，不可过猛。

（3）效果观察

1）颈动脉搏动。胸外心脏按压有效时可随每次按压触及一次颈动脉搏动，测血压为 5.3~8 kPa（40~60 毫米汞柱）以上，说明胸外心脏按压方法正确。若停止按压，脉搏仍然存在，说明病人自主心搏已恢复。

2）面色转红润。复苏有效时，病人面色、口唇、皮肤颜色由苍白或发绀转为红润。

3）意识渐渐恢复。复苏有效时，病人昏迷变浅、眼球活动、出现挣扎，或给予强刺激后出现保护性反射活动，甚至手足开始活动，肌张力增强。

4）出现自主呼吸。应注意观察，有时很微弱的自主呼吸不足以满足机体供氧需要，如果不继续人工呼吸，则可能很快又停止自主呼吸。

5）瞳孔变小。复苏有效时，扩大的瞳孔变小，并出现光反应。

18.2　现场止血

受伤出血分为内出血和外出血。内出血一般只能到医院救治，外出血是现场急救的重点。理论上将出血分为动脉出血、静脉出血、毛细血管出血：动脉出血时血色鲜红，血流有搏动、量多、速度快；静脉出血时血色暗红，血液缓慢流出；毛细血管出血时，血色鲜红、慢慢渗出。若当时能鉴别出血类型，对选择止血方法有重要价值。但有时受现场的光线等条件的限制，往往难以区分。

常用的现场止血方法有多种，使用时要根据出血位置等具体情况选择其中的一种，也可以把几种方法结合在一起应用，以达到最快、最有效、最安全的止血目的。

18.2.1　加压止血法

（1）指压动脉止血法

指压动脉止血法适用于头部和四肢某些部位的大出血，方法为用手指压迫伤口近心端动脉，将动脉压向深部的骨头，以阻断血液流通。这是一种不需要任何器械，简便、有效的止血方法，但因为止血时间短暂，常需要与其他方法结合进行。

1）头面部指压动脉止血法：

①指压颞浅动脉。该方法适用于一侧头顶、额部、颞部的外伤大出血。在伤侧耳前，用一只手的拇指对准下颌骨关节压迫颞浅动脉，另一只手固定伤员头部。

②指压面动脉。该方法适用于面部外伤大出血。用一只手的拇指和食指或拇指和中指分别压迫双侧下颌角前约 1 cm 的凹陷处，以阻断面动脉血流。

③指压耳后动脉。该方法适用于一侧耳后外伤大出血。用一只手的拇指压迫伤侧耳后乳突下凹陷处，阻断耳后动脉血流，另一只手固定伤员头部。

④指压枕动脉。该方法适用于一侧头后枕骨附近外伤大出血。用一只手的四指压迫耳后与枕骨粗隆之间的凹陷处，阻断枕动脉的血流，另一只手固定伤员头部。

2）指压四肢动脉止血法：

①指压肱动脉。该方法适用于一侧肘关节以下部位的外伤大出血。用一只手的拇指压迫上臂中段内侧，阻断肱动脉血流，另一只手固定伤员手臂。

②指压桡动脉和尺动脉。该方法适用于手部大出血。双手拇指

分别压迫伤侧手腕两侧的桡动脉和尺动脉，以阻断血流。因为桡动脉和尺动脉在手掌部有广泛吻合支，所以必须同时压迫双侧。

③指压指（趾）动脉。该方法适用于手指（脚趾）大出血。用拇指和食指分别压迫手指（脚趾）两侧的动脉，以阻断血流。

④指压股动脉。该方法适用于一侧下肢的大出血。用两手的拇指用力压迫伤肢腹股沟中点稍下方的股动脉，以阻断股动脉血流。此时伤员应该保持坐姿或卧姿。

⑤指压胫前、后动脉。该方法适用于一侧脚部大出血。用两手的拇指和食指分别压迫伤脚足背中部搏动的胫前动脉及足跟与内踝之间的胫后动脉。

（2）直接压迫止血法

直接压迫止血法适用于较小伤口的出血，用无菌纱布直接压迫伤口处，时间约 10 min。

（3）加压包扎止血法

加压包扎止血法适用于各种伤口，是一种比较可靠的非手术止血法。先用无菌纱布覆盖压迫伤口，再用三角巾或绷带用力包扎，包扎范围应该比伤口稍大。这是一种目前最常用的止血方法，在没有无菌纱布时，可使用消毒卫生巾或餐巾等代替。

18.2.2　辅助材料止血法

（1）填塞止血法

填塞止血法适用于较大而深的伤口，先用镊子夹住无菌纱布塞入伤口内，如一块纱布止不住出血，可再加纱布，最后用绷带或三角巾包扎固定。

（2）止血带止血法

止血带止血法只适用于四肢大出血，而且是其他止血法效果不明显时才用的方法。止血带有橡皮止血带（橡皮条和橡皮带）、气性止血带（如血压计袖带）和布制止血带等，其操作方法各不相同。

使用止血带的注意事项：

1）部位。上臂外伤大出血应扎在上臂上端 1/3 处，前臂或手大出血应扎在上臂下端，不能扎在上臂靠近肘关节的 1/3 处，因该处神经走行贴近肱骨，易被损伤。下肢外伤大出血应扎在股骨靠近膝关节的 1/3 处。

2）衬垫。使用止血带的部位应该有衬垫，否则会损伤皮肤。止血带可扎在衣服外面，把衣服当作衬垫用。

3）松紧度。应以出血停止、远端摸不到脉搏为宜，过松将达不到止血目的，过紧则会损伤组织。

4）使用时间。一般不应超过 5 h，原则上每小时要放松 1 次，放松时间为 1~2 min。

5）标记。正在使用止血带的伤员应有明显标记贴在前额或胸前易发现的部位，写明绑扎时间。如立即送往医院，则可以不做标记。

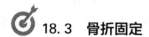 **18.3　骨折固定**

18.3.1　常用骨折固定方法

骨折是人们在生产、生活中常见的身体损伤，为了避免骨折的断端对血管、神经、肌肉及皮肤等组织的再损伤，减轻伤员的痛苦，以及便于搬动与转运伤员，凡发生骨折或怀疑有骨折的伤员，均必须在现场立即采取临时固定的措施。常用的骨折固定方法有以下几种。

（1）肱骨（上臂）骨折固定法

1）夹板固定法。用两块夹板分别放在上臂内外两侧（如果只有一块夹板，则放在上臂外侧），用绷带或三角巾等将其上下两端固定。之后肘关节弯曲 90°，前臂用小悬臂带悬吊。

2）无夹板固定法。将三角巾折叠成 10~15 cm 宽的条带，其中央正对骨折处，将上臂固定在躯干上，于对侧腋下打结。屈肘90°，再用小悬臂带将前臂悬吊于胸前。

（2）尺骨、桡骨（前臂）骨折固定法

1）夹板固定法。用两块长度超过肘关节至手心的夹板分别放在前臂的内外两侧（如果只有一块夹板，则放在前臂外侧），并在手心放好衬垫让伤员握好，以使腕关节稍向背屈，再固定夹板上下两端。屈肘90°，用大悬臂带悬吊，手略高于肘。

2）无夹板固定法。使用大悬臂带、三角巾固定。用大悬臂带将骨折的前臂悬吊于胸前，手略高于肘。再用一条三角巾将上臂带一起固定于胸部，在健侧腋下打结。

（3）股骨（大腿）骨折固定法

1）夹板固定法。伤员仰卧，伤腿伸直。用两块夹板（内侧夹板长度为上至大腿根部，下过足跟；外侧夹板长度为上至腋窝，下过足跟）分别放在伤腿内外两侧（只有一块夹板时则放在伤腿外侧），并将健肢靠近伤肢，使双下肢并列，两足对齐。关节处及空隙部位均放置衬垫，用5~7条三角巾或布带先将骨折部位的上下两端固定，然后分别固定腋下、腰部、膝、踝等处。足部用三角巾"8"字固定，使足部与小腿呈直角。

2）无夹板固定法。伤员仰卧，伤腿伸直，健肢靠近伤肢，双下肢并列，两足对齐。在关节处与空隙部位之间放置衬垫，用5~7条三角巾或布条将两腿固定在一起（先固定骨折部位的上下两端）。足部用三角巾"8"字固定，使足部与小腿呈直角。

（4）脊椎骨骨折固定法

发生脊椎骨骨折时不得轻易搬动伤员，严禁一人抱头、另一个人抬脚等不协调的动作。

如伤员俯卧位时，可用"工"字夹板固定，将两横板压住竖板分别横放于两肩上及腰骶部，在脊椎骨的凹凸部位放置衬垫，先用三角巾或布带固定两肩，再固定腰骶部。现场处理原则是：背部受到剧烈的外伤，有颈、胸、腰椎骨折者，绝不能试图扶着让病人做一些活动来判断有无损伤，一定要就地固定。

（5）头颅部骨折

头颅部骨折伤员在检查、搬动、转运等过程中，力求头颅部不会受到新的外界的影响而加重局部损伤。具体做法是：伤员静卧，头部可稍垫高，头颅部两侧放两个较大的、硬实的枕头或沙袋等物将其固定住，以免搬动、转运时局部晃动。

18.3.2　骨折固定注意事项

（1）如果是开放性骨折，必须先止血、再包扎、最后再进行骨折固定，此顺序绝不可颠倒。

（2）下肢或脊椎骨骨折应就地固定，尽量不要移动伤员。

（3）四肢骨折固定时，应先固定骨折的近端，后固定骨折的远端。如固定顺序相反，会导致骨折再度移位。夹板必须扶托整个伤肢，骨折上下两端的关节均必须固定住，绷带、三角巾不要绑扎在骨折处。

（4）夹板等固定材料不能与皮肤直接接触，要用棉垫、衣物等柔软物垫好，尤其骨突部位及夹板两端更要垫好。

（5）固定四肢骨折时应露出指（趾）端，以便随时观察血液循环情况，如伤肢出现苍白、发绀、发冷、麻木等情况，应立即松开重新固定，以免造成肢体缺血、坏死。

🎯 18.4　伤口包扎

包扎的目的是保护伤口、减少污染、固定敷料和帮助止血，常用绷带和三角巾进行包扎。无论采用何种包扎方法，均要求达到包好后固定不移动和松紧适度，并尽量保证无菌操作条件。

18.4.1 绷带包扎法

（1）绷带包扎常用方法

绷带包扎法分为环形包扎法、螺旋形包扎法、螺旋形反折包扎法、"8"字形包扎法和头顶双绷带包扎法等。包扎时要掌握好"三点一走行"，即绷带的起点、止血点、着力点（多在伤处）和走行方向的顺序，做到既牢固又不能太紧。应先在创口覆盖无菌纱布，然后从伤口低处向上左右缠绕。包扎伤臂或伤腿时，要尽量设法暴露手指尖或脚趾尖，以便观察血液循环。绷带用于胸、腹、臀、会阴等部位效果不好，容易滑脱，所以一般用于四肢和头部的伤口。

1）环形包扎法。绷带卷放在需要包扎位置稍上方，第一圈稍斜缠绕，第二、第三圈作环行缠绕，并将第一圈斜出的旗角压于环行圈内，然后重复缠绕，最后在绷带尾端撕开，打结固定或用别针、胶布将尾部固定。

2）螺旋形包扎法。先环形包扎数圈，然后将绷带渐渐地斜旋上升缠绕，每圈盖过前圈的1/3~2/3，包扎好后整体呈螺旋状。

3）螺旋反折包扎法。先作两圈环行固定，再作螺旋形包扎，待到渐粗处，一手拇指按住绷带上面，另一手将绷带自此点反折向下，此时绷带上缘变成下缘，后圈覆盖前圈1/3~2/3。此法主要用于粗细不等的四肢如前臂、小腿或大腿等的包扎。

4）"8"字形包扎法。此方法适用于四肢各关节处的包扎。于关节上下将绷带一圈向上、一圈向下作"8"字形来回缠绕。

5）头顶双绷带包扎法。将两条绷带连在一起，打结处包在头后部，分别经耳上向前，于额部中央交叉，然后第一条绷带经头顶到枕部，第二条绷带反折绕回到枕部，并压住第一条绷带。第一条绷带再从枕部经头顶到额部，第二条则从枕部绕到额部。

（2）绷带包扎注意事项

绷带包扎时，应当注意以下事项：

1）伤口上要加盖敷料，不要在伤口上使用弹力绷带。

2）不要将绷带缠绕过紧，要经常检查肢体供血情况。

3）有绷带过紧的体征（手、足的甲床发紫；绷带缠绕肢体远心端皮肤发紫，有麻木感或感觉消失；严重者手指、足趾不能活动），应立即松开绷带，重新缠绕。

4）不要将绷带缠住手指、足趾末端，除非有损伤。

18.4.2　三角巾包扎法

三角巾制作简单、方便，分为普通三角巾和带形、燕尾式三角巾，包扎时操作简捷，且几乎能适应全身各个部位。

（1）三角巾的头面部包扎法

1）三角巾风帽式包扎法。适用于包扎头顶部和两侧面、枕部的外伤。先将消毒纱布覆盖在伤口上，将三角巾顶角打结放在前额正中，在底边的中点打结放在枕部，然后两手拉住两底角向下颌包住并交叉，再绕到颈后的枕部打结。

2）三角巾帽式包扎法。先用无菌纱布覆盖伤口，然后把三角巾底边的正中点放在伤员眉间上部，顶角经头顶拉到脑后枕部，再将两底角在枕部交叉返回到额部中央打结，最后拉紧顶角并反折塞在枕部交叉处。

3）三角巾面具式包扎法。适用于面部较大范围的伤口，如面部烧伤或较广泛的软组织损伤。方法是把三角巾一折为二，顶角打结放在头顶正中，两手拉住底角罩住面部，然后两底角拉向枕部交叉，最后在下颌部打结，在眼、鼻和口处提起三角巾剪成小孔。

4）单眼三角巾包扎法。将三角巾折成带状，其上 1/3 处盖住伤眼，下 2/3 从耳下端绕经枕部向健侧耳上额部并压住上端带巾，再绕经伤侧耳上，枕部至健侧耳上与带巾另一端在健耳上方打结固定。

5）双眼三角巾包扎法。将无菌纱布覆盖在伤眼上，用带形三角巾从头后部拉向前从眼部交叉，再绕向枕下部打结固定。

6）下颌、耳部、前额或颞部小范围伤口三角巾包扎法。先将无菌纱布覆盖在伤部，将带形三角巾放在下颌处，两手持带巾两底角经双耳分别向上提，长的一端绕头顶与短的一端在颞部交叉，然后将短端经枕部、对侧耳上至颞侧与长端打结固定。

（2）胸背部三角巾包扎法

三角巾底边向下，绕过胸部以后在背后打结，其顶角放在伤侧肩上，系带穿过三角巾底边并打结固定。如为背部受伤，包扎方向相同，只要在前后面交换位置即可。若为锁骨骨折，则用两条带形三角巾分别包绕两个肩关节，在后背打结固定，再将三角巾的底角向背后拉紧，在两肩过度后张的情况下在背部打结。

（3）上肢三角巾包扎法

先将三角巾平铺于伤员胸前，顶角对着肘关节稍外侧，与肘部平行，屈曲伤肢，并压住三角巾，然后将三角巾下端提起，两端绕到颈后打结，顶角反折用别针扣住。

（4）肩部三角巾包扎法

先将三角巾放在伤侧肩上，顶角朝下，两底角拉至对侧腋下打结，然后急救者一手持三角巾底边中点，另一手持顶角将三角巾提起拉紧，再将三角巾底边中点由前向下、向肩后包绕，最后顶角与三角巾底边中点于腋窝处打结固定。

（5）腋窝三角巾包扎法

先在伤侧腋窝下垫上消毒纱布，三角巾中间压住敷料，并将带巾两端向上提，于肩部交叉，并经胸背部斜向对侧腋下打结。

（6）下腹及会阴部三角巾包扎法

将三角巾底边包绕腰部打结，顶角兜住会阴部在臀部打结固定。或将两条三角巾顶角打结，结点放在伤员腰部正中，上面两端围腰打结，下面两端分别缠绕两大腿根部并与相对底边打结。

（7）残肢三角巾包扎法

残肢先用无菌纱布包裹，将三角巾铺平，残肢放在三角巾上，使其对着顶角，并将顶角反折覆盖残肢，再将三角巾底角交叉，绕肢打结。

18.5　伤员搬运

搬运伤员是现场急救的重要措施之一。搬运的目的是使伤员迅速脱离危险地带，纠正当时影响伤员的病态体位，使其减少痛苦、避免再受伤害，安全迅速地送往医院进行专业治疗。搬运伤员的方法应根据当地、当时的器材和人力而选定。

18.5.1　徒手搬运

（1）单人搬运法

适用于伤势比较轻的伤员，采取背、抱或挟持等方法。

（2）双人搬运法

一人托住双下肢，一人托住腰部。在不影响伤势的情况下，还可采用椅式、轿式和拉车式。

（3）三人搬运法

对疑有胸、腰椎骨折的伤者，应由 3 人配合搬运。一人托住伤员的肩胛部，一人托住臀部和腰部，另一人托住两下肢，3 人同时把伤员轻轻抬放到硬板担架上。

（4）多人搬运法

对脊椎骨受伤的人员向担架上搬动时应由 4～6 人一起搬动，2人专管伤员头部的牵引固定，使头部始终保持与躯干成直线的位置，维持颈部不动，另 2 人托住伤员的臂和背，2 人托住下肢，协调地将伤员平直放到担架上，并在颈、腋窝放置一块小枕头，头部两侧用软垫或沙袋固定。

18.5.2　担架搬运

（1）自制担架法

因没有现成的担架而又需要担架搬运伤员时，只能快速地自制担架。

1）用木棍制担架：用两根长约 2.5 m 的木棍或竹竿绑成梯子形，中间用绳索来回绑在两长棍之间即成。

2）用上衣制担架：用两根长约 2.5 m 的木棍或竹竿穿入两件上衣的袖筒中即成，常在没有绳索的情况下采用此方法。

3）用椅子代担架：用两把扶手椅对接，用绳索固定对接处即成。

4）其他担架的做法：两根木棍、一块毛毯或床单、较结实的长线（铁丝也可）作为材料。第一步，把木棍放在毛毯中央，毯的一边折叠，与另一边重合。第二步，毛毯重合的两边包住另一根木棍。第三步，用穿好线的针把两根木棍边的毯子缝合一条线，然后把包另一根木棍边的毯子两边也缝上，即制作完成。

（2）车辆搬运

车辆搬运受气候条件影响小、速度快，能及时送到医院抢救，尤其适合较长距离运送。轻伤者可坐在车上，重伤者可躺在车里的担架上。重伤者最好用救护车转送，没有救护车的地方，可用汽车代替。上车后，胸部伤员取半卧位，一般伤员取仰卧位，颅脑伤员应使其头偏向一侧。

车辆搬运时的注意事项：

1）必须先急救，妥善处理后才能搬动。

2）搬运时尽可能不摇动伤者的身体。若遇脊椎骨受伤者，应将其身体固定在担架上，用硬板担架搬运。切忌一人抱胸、一人搬腿的双人搬抬法，因为这样搬运易加重脊髓损伤。

3）运送伤员时，应随时观察其呼吸、体温、出血、面色等变化情况，注意伤员姿势，注意保暖。

4）在人员、器材未准备完好时，切忌随意搬运。

5）上述不论哪种搬运伤员的方法，在途中都要保持平稳，切忌颠簸。